현지인이 알려주는 싱가포르의 또 다른 모습들

지금 우리,
싱가포르

PLOROGUE

살면서 찾은 싱가포르의 진짜 모습과 여행 노하우를 담다

시중에는 싱가포르 여행 책들이 많이 나와있다. 인터넷만 인터넷만 검색해도 싱가포르 여행 정보는 차고 넘친다. 그만큼 싱가포르를 찾는 여행자가 많고, 싱가포르의 다양한 매력에 빠져 다시 찾는 여행자도 늘고 있다. 하지만 어디에나 있는 정보가 아닌, 여행자의 갈증을 풀어주는 정보는 찾아보기 어렵다.

여행자들의 니즈가 다양화되고 있는 요즘이다. 유명 관광지가 아니어도 소박하지만 의외의 장소를 찾고 싶어 하는 여행자도 있고, 현지인들과 대화하며 일상을 함께하려는 여행자도 있다. 또 같은 장소를 가더라도 가장 아름다운 시간대에 가서 멋진 사진을 남기는 것에 우선순위를 두는 여행자도 있을 것이다. 이제는 A부터 Z까지 나열하는 백과사전식 여행 정보가 아니라 질 좋은 맞춤형 정보가 필요하다.

싱가포르에서 4년을 지내는 동안 현지인들과 섞여 일상을 보내면서 싱가포르의 숨은 모습들을 보았다. 여러 시행착오를 통해 차곡차곡 쌓아온 살아있는 정보들이 지금도 머릿속에 고스란히 남아 있다. 한국에서 찾아온 지인들의 가이드 역할을 여러 번 하다 보니 여행 노하우도 제법 생겼다.

이 책은 바로 이런 정보와 노하우들을 다른 이들에게도 전하고 싶은 마음에서 출발했다. 책을 쓰는 내내 싱가포르를 여행하는 사람들이 조금 더 특별하고 행복한 여행을 할 수 있었으면 하는 바람으로 보다 좋은 정보를 담으려 애썼다. 단 한 명의 여행자라도 이 책을 통해 도움을 얻을 수 있다면 더 바랄 것이 없다.

책이 나오기까지 힘든 순간을 함께 견뎌주고 작업을 도와준 남편과 승빈, 예빈이에게 가장 큰 감사와 사랑을 전하고 싶다. 늘 무한 지지해주시는 양가 부모님, 가족들, 여행 잡지 트래비를 통해 인연을 맺은 치즈 볼 멤버들, 투어팁스 박현용 팀장님, 장소 선정에 도움을 준 영주 언니, 유진언니, 근혜 그리고 책을 낼 수 있는 소중한 기회를 주신 리스컴에도 감사 인사를 드린다.

당신이 마주하는 싱가포르에서의 매 순간이 행복하기를…!

최설희

CONTENTS

#3 먹고, 마시고, 쇼핑하라

오차드
뎀시 힐
리버사이드

#4 역동적이고 화려한 싱가포르에 흠뻑 취하는 날

마리나 베이
마리나 베이 주변

#5 다양하고 이국적인 문화 예술 여행

올드 시티
차이나타운
아랍 스트리트

#6 빌딩 숲에서 만나는 특별한 자연

해변 공원
숲 속 저수지와 정원
테마 동물원

Another Trip

싱가포르 인접 여행지

Travel Guide

좌충우돌 싱가포르 생활기

Map

싱가포르 한눈에 둘러보기

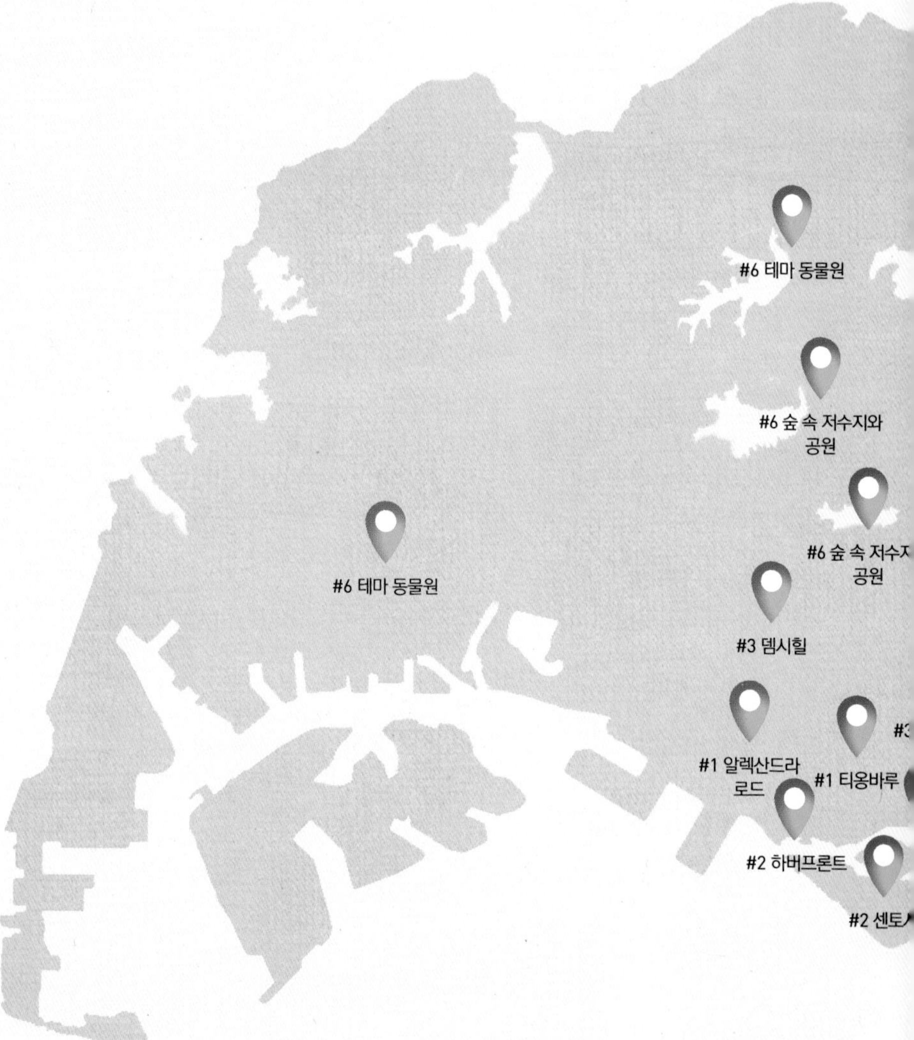

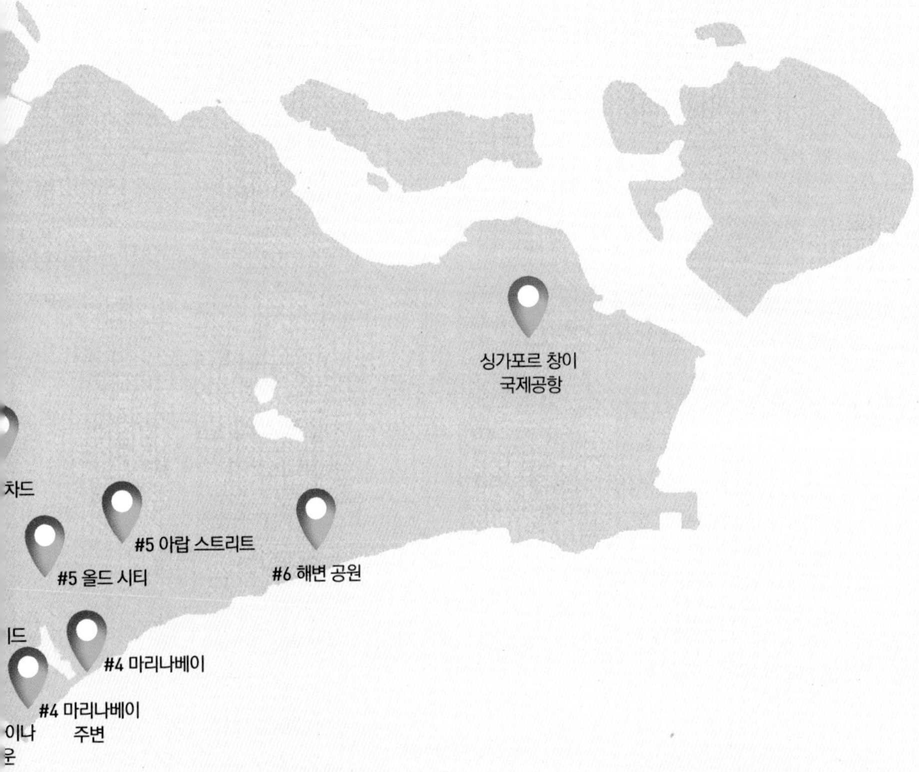
싱가포르 창이
국제공항
차드
#5 아랍 스트리트
#5 올드 시티
#6 해변 공원
드
#4 마리나베이
#4 마리나베이
주변
이나

Map

싱가포르 MRT&LRT 노선도

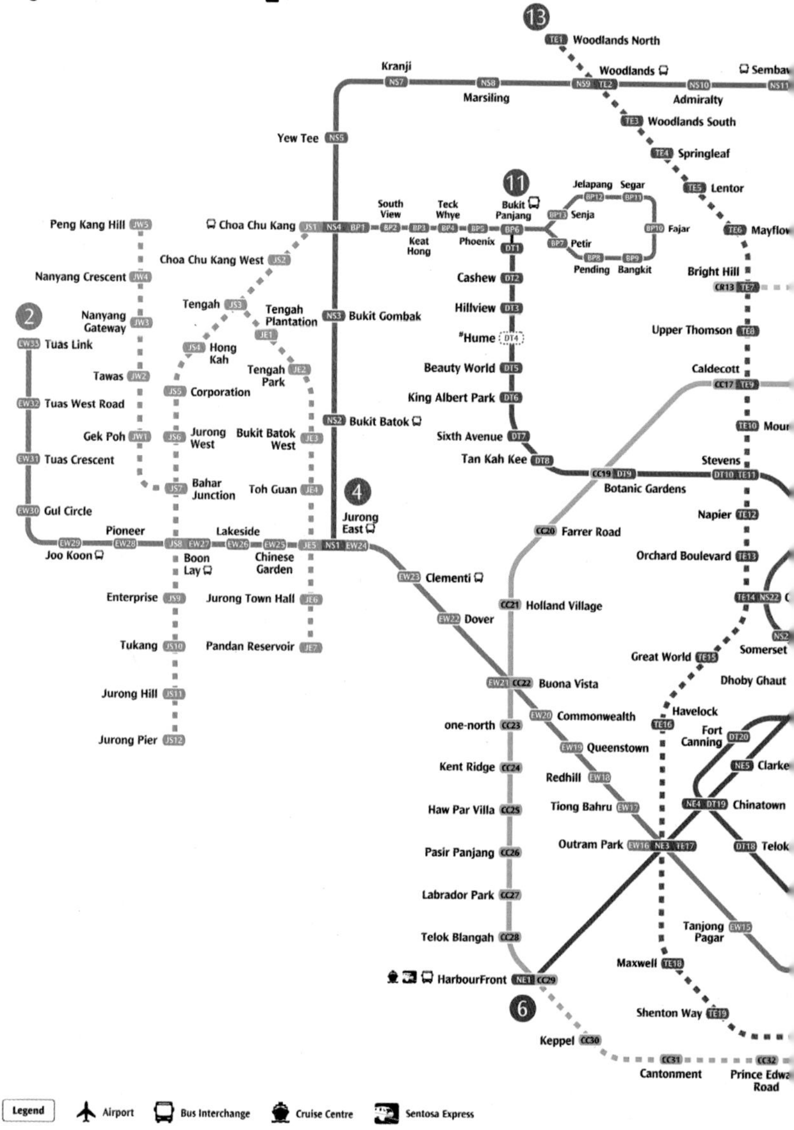

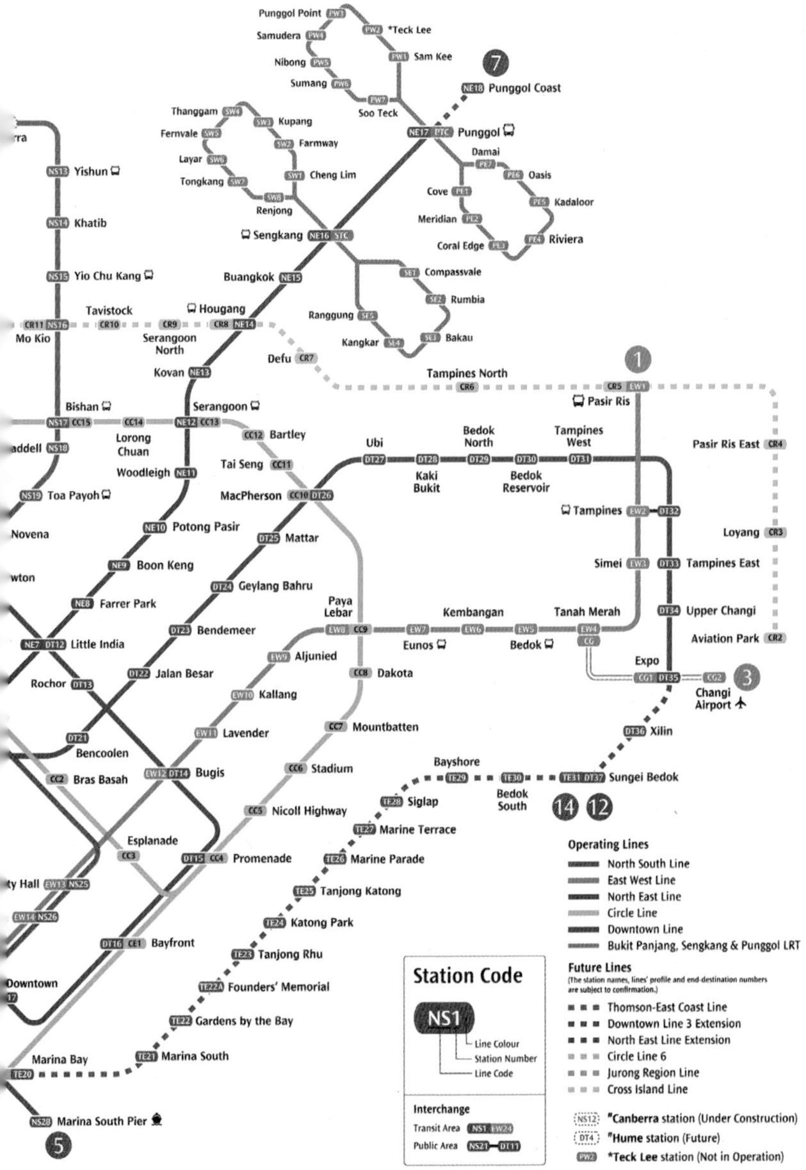
Punggol Point PW3
PW2 *Teck Lee
Samudera PW4
PW1 Sam Kee
Nibong PW5
7
Sumang PW6
NE18 Punggol Coast
PW7
Soo Teck
Thanggam SW4
SW3 Kupang
Fernvale SW5
NE17 PTC Punggol
SW2 Farmway
Damai
Layar SW6
PE7
PE6 Oasis
SW1 Cheng Lim
Tongkang SW7
Cove PE1
SW8
PE5 Kadaloor
Renjong
Meridian PE2
Sengkang NE16 STC
PE4 Riviera
Coral Edge PE3
SE1 Compassvale
Buangkok NE15
SE2 Rumbia
Ranggung SE5
Kangkar SE4
SE3 Bakau
Hougang
Tavistock
CR11 NS16
CR10
CR9
CR8 NE14
Mo Kio
Serangoon North
Defu CR7
1
Tampines North
CR6
CR5 EW1
Pasir Ris
Kovan NE13
NS13 Yishun
NS14 Khatib
NS15 Yio Chu Kang
Bishan
NS17 CC15
CC14
Lorong Chuan
Serangoon
NE12 CC13
CC12 Bartley
addell NS18
Woodleigh NE11
Tai Seng CC11
NS19 Toa Payoh
MacPherson CC10 DT26
Ubi
DT27
DT28
Kaki Bukit
Bedok North
DT29
DT30
Bedok Reservoir
Tampines West
DT31
Pasir Ris East CR4
Tampines EW2 DT32
Loyang CR3
Novena
NE10 Potong Pasir
DT25 Mattar
NE9 Boon Keng
Simei EW3
DT33 Tampines East
wton
DT24 Geylang Bahru
NE8 Farrer Park
Paya Lebar
Kembangan
Tanah Merah
DT34 Upper Changi
DT23 Bendemeer
EW8 CC9
EW7
EW6
EW5
EW4
Aviation Park CR2
NE7 DT12 Little India
Eunos
Bedok
CG
EW9 Aljunied
Expo
DT22 Jalan Besar
CC8 Dakota
CG1 DT35
CG2
3
Rochor DT13
Changi Airport
EW10 Kallang
EW11 Lavender
CC7 Mountbatten
DT36 Xilin
DT21
Bencoolen
Bayshore
CC6 Stadium
CC2 Bras Basah
EW12 DT14 Bugis
TE29
TE30
TE31 DT37 Sungei Bedok
TE28 Siglap
Bedok South
14
12
CC5 Nicoll Highway
TE27 Marine Terrace
Esplanade
CC3
DT15 CC4 Promenade
TE26 Marine Parade
ty Hall EW13 NS25
TE25 Tanjong Katong
EW14 NS26
TE24 Katong Park
DT16 CE1 Bayfront
TE23 Tanjong Rhu
Downtown
17
TE22A Founders' Memorial
TE22 Gardens by the Bay
Marina Bay
TE21 Marina South
TE20
NS28 Marina South Pier
5
Operating Lines
North South Line
East West Line
North East Line
Circle Line
Downtown Line
Bukit Panjang, Sengkang & Punggol LRT
Future Lines
(The station names, lines' profile and end-destination numbers are subject to confirmation.)
Thomson-East Coast Line
Downtown Line 3 Extension
North East Line Extension
Circle Line 6
Jurong Region Line
Cross Island Line
NS12 "Canberra station (Under Construction)
DT4 "Hume station (Future)
PW2 *Teck Lee station (Not in Operation)
Station Code
NS1
Line Colour
Station Number
Line Code
Interchange
Transit Area NS1 EW24
Public Area NS21 DT11

About Singapore 1

싱가포르, 이런 나라였어?

싱가포르의 별명, 빨간 점

해상무역에 유리한 지정학적 위치 때문에 여러 차례 나라를 빼앗겼던 싱가포르는 1963년 말레이시아 연방의 구성원으로 영국 통치하에서 벗어났지만, 채 2년도 못 가 추방당했고 1965년 8월 9일에 독립했다. 당시 국토도 좁고 자원도 빈약한 싱가포르를 두고 지금과 같은 강대국의 모습을 예견한 이는 거의 없었다. 하지만 싱가포르의 리콴유 총리는 강력한 권력을 바탕으로 경제 정책들을 펼쳐 싱가포르를 아시아의 부국으로 탈바꿈시키는 데 총력을 다했다.

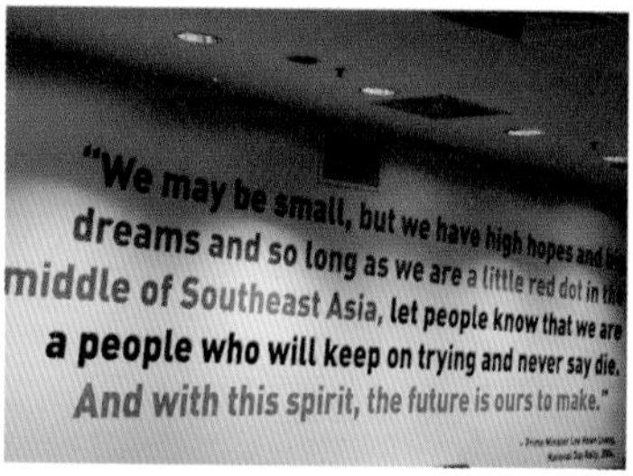

그러던 1998년 인도네시아의 대통령 비제이 하비비는 한 인터뷰에서 '싱가포르는 지도에 표시된 작은 빨간 점(a Little Red Dot)일 뿐이며, 싱가포르를 친구로 보지 않는다'고 발언해 구설수에 올랐다. 이 발언에 대해 리콴유 총리의 아들이자 총리 배턴을 이어받은 리센룽 총리는 '그의 발언은 우리가 실제로 매우 작고 소중하다는 것을 상기시키는 귀중한 발언이었고, 작은 빨간 점이란 말은 모든 싱가포리언의 정신이 되었다'며 오히려 싱가포르의 화합과 애국심을 고취시키는 계기로 삼았다.
그 후 '작은 빨간 점'이라는 말은 박물관, 회사, 잡지, 프로젝트 등의 이름으로 다양하게 사용되었고, 2015년에는 싱가포르 독립 50주년 기념 로고를 아예 빨간 점 안에 'SG50'이라는 문구를 담아 만들었다. 이제 빨간 점은 싱가포르를 대표하는 별명이 되었다.

태형이 아직도 존재하는 나라

인권유린이라는 비판이 거세기도 하지만, 싱가포르는 지금까지 태형 제도를 굳건하게 유지하고 있다. 내국인뿐 아니라 외국인에 대해서도 예외 없이 적용한다. 1994년 미국 청소년 마이클 페이는 승용차 여러 대에 스프레이 페인트를 뿌리고 도로표지판을 훔친 혐의로 태형 6대, 징역 4개월, 벌금 S$2,200를 선고받았다. 당시 클린턴 대통령의 만류에도 굴하지 않고 태형을 집행해 세계를 놀라게 했다(클린턴 대통령의 뜻을 일부 받아들여 태형을 4대로 줄이기는 했다.). 2017년에는 사우디아라비아 외교관이 싱가포르 여성을 성추행한 혐의로 태형 4대와 징역 26개월을 선고받았다.

싱가포르 지폐 속 인물은 누구?

대개 지폐에는 그 나라의 위인이 들어가기 마련이어서, 싱가포르 지폐에는 당연히 우리도 잘 아는 리콴유 총리가 있을 것 같다. 하지만 싱가포르의 모든 지폐 속 인물은 초대 대통령인 유솝 빈 이스학이다. 당시 싱가포르의 대통령은 실권이 없는 형식적인 국가 원수였다. 인물 선정 배경에는 흥미로운 이야기가 숨어 있다. 싱가포르가 말레이시아 연방으로부터도 버림받고 독립했지만, 싱가포르 영토는 본래 말레이 민족이 살던 영토였다. 또한 싱가포르에 사는 사람들의 대다수를 차지하는 민족은 중국계지만, 말레이계 민족도 국가 통합을 위해 포용해야 했다. 그래서 생각해낸 묘안이 말레이계로 싱가포르 초대 대통령이자 리콴유 총리의 친구인 유솝 빈 이스학 대통령을 지폐에 넣는 것이었다. 이 화폐 디자인으로 리콴유 총리는 말레이계 민족의 마음도 얻고 동시에 포용 정책을 적절하게 잘 펼치는 지도자로 거듭나는 두 마리 토끼를 잡았다.

국방비 지출 세계 5위

싱가포르는 우리나라처럼 반도에 있어 부침이 심한 역사를 가지고 있다. 그래서인지 작은 나라지만 국방비 지출은 세계 5위다. 국내총생산의 3.3%인 $124억에 달한다(이웃 나라인 말레이시아는 약 $50억이다). 좁은 땅의 1/5을 군사지역으로 할당했고, 공군기지는 5곳을 보유하고 있다. 싱가포르 남성은 우리나라처럼 군복무가 의무인데, 출퇴근제이며 복무기간은 2년이다.

잘 사는 북한이라는 오명

싱가포르는 '잘 사는 북한'이라는 오명을 가지고 있다. 그도 그럴 것이 싱가포르는 독립 후 리콴유 총리의 31년 통치에 이어 그의 아들 리센룽 총리가 2004년부터 10년 넘게 이끌고 있다. 사실상 정권이 교체된 적 없는 독재국가나 마찬가지다.

세 명 이상이 모여 반정부적인 언행을 하면 영장 없이도 연행이 가능하며, 언론, 방송도 철저한 검열을 거친다. 싱가포르의 언론 자유 지수는 150위 정도로 최하위권이다. 정부에 대한 비판의 글을 올리면 내외국인을 막론하고 법정에 설 수도 있다. 2015년 리콴유 총리가 타계한 후, 최근 리센룽 총리의 동생이 가족 간 불화 소식을 알린 경로도 정식 언론이 아니라 개인 SNS일 정도이니 싱가포르의 언론 통제 수준을 가늠할 수 있다.

About Singapore 2

싱가포르 시내 교통

대중교통 이용하기

싱가포르는 버스와 전철(MRT)이 편리해 대중교통을 이용하기 좋다. 요금도 S$1~2 정도로 부담스럽지 않다. 전철 이용권은 1회용 승차권인 스탠더드 티켓(Standard Ticket)과 충전식 교통카드인 이지링크 카드(EZlink Card)가 있다. 버스 요금은 현금으로 내거나 이지링크 카드로 지불한다.

이지링크 카드는 전철역에서 S$12, 세븐일레븐에서 S$10에 판다. 나중에 잔액을 환불받을 수 있지만, 카드 비용 S$5를 빼고 돌려준다. 1회 최소 충전 금액은 S$10이며, 카드 잔액이 S$3 이하면 충전해야 쓸 수 있다.

유용한 버스와 전철 어플

마이 트랜스포트 싱가포르
My Transport Singapore

싱가포르 MRT
Singapore MRT

버스는 운행 중 안내방송이 없어 초보자에게는 조금 부담될 수 있는데, 구글 지도가 도움이 된다. 싱가포르의 길은 구획 표시가 잘 되어있어 구글 지도를 보면서 정류장 이름을 확인한 뒤 내리면 큰 문제가 없다. 자신이 없으면 운전기사에게 물어봐도 된다. 그 밖에 참고할 만한 버스 어플은 마이 트랜스포트 싱가포르(My Transport Singapore)다. 현재 위치 근처의 정류장, 버스 노선별 대기시간 등을 알 수 있다.

전철 어플로는 싱가포르 MRT(Singapore MRT)가 있다. 출발역과 도착역 사이의 요금, 가장 효율적인 경로 등을 검색할 수 있다.

싱가포르 투어리스트 패스 Singapore Tourist Pass

일반 버스와 2층 버스, 전철을 횟수 제한 없이 탈 수 있는 이용권으로 대중교통을 많이 이용하는 날 유용하다. 1일권이 S$10, 2일권이 S$16, 3일권이 S$20이며, 키가 90cm 이하면 무료다. 주요 전철역에서 살 수 있으며, 보증금은 S$10로 환불된다.

택시 잡기

보통 붐비는 관광지거나 피크 타임이 아니면 예약 없이도 택시 승차장(Taxi Stand)이나 거리에서 어렵지 않게 택시를 잡을 수 있다. 택시비는 우리나라와 비슷하거나 조금 비싼 수준으로 싱가포르 물가에 비하면 싼 편이다. 단, 노란 선이 두 줄 그어져있거나 지그재그선이 있는 도로에서는 택시가 정차할 수 없으므로 잡으면 안 된다.

편리한 택시 어플

우버(Uber)와 그랩(Grab)이 승차 공유 서비스 시장에서 경쟁하다 후발주자 그랩이 우버 동남아시아 사업부문을 매입했다. 시장은 현재 그랩과 고젝(Gojek)의 양자구도로 재편된 상태다. 승차 공유 서비스를 이용하면 우선 운전자에 대한 정보와 평가를 미리 알 수 있고 요금도 정해져 있어 좋다. 또한 미리 카드등록을 해 놓으면 익숙하지 않은 현지화폐로 택시비를 내지 않고 온라인 결제를 할 수 있어 편리하다. 그랩은 승차 공유 서비스 성공을 기반으로 그랩 푸드, 그랩 페이 사업까지 진출하는 등 사업을 다각화하고 있는 모양새고 고젝은 그랩보다 약간 저렴한 택시비로 어필하고 있다.

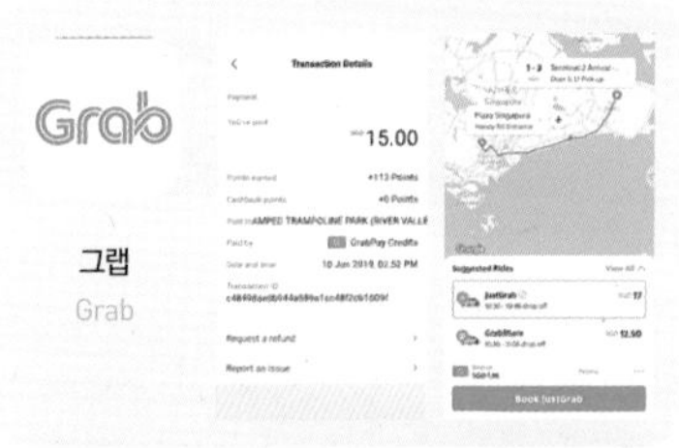

그랩
Grab

콤포트 택시
Comfort Taxi

일반 택시인 콤포트 택시(Comfort Taxi)는 승차 공유 서비스에 비해 약간 요금이 비싸다. 하지만 아기가 어려 카시트가 필요한 차를 찾을 때 혹은 비즈니스를 하는 공적인 자리에서 이용하는 사례가 많다. 또한 예약한 택시가 오지 못하게 된 경우 꼭 대체 차량 예약을 책임지는 등 일종의 프리미엄서비스가 필요할 때 매우 유용하다.

About Singapore 3

싱가포르의 기본 정보

면적 697km²

697km²로 서울(605km²)보다 조금 크다.

날씨 23~31℃

연중 기온은 23~31℃이며, 강수량은 2월부터 10월까지 평균 160mm 정도를 유지하다가 11월부터 1월 사이에는 200~300mm의 많은 비가 온다. 연중 기온과 강수량 차이가 크지 않으므로, 날씨 때문에 여행 시기를 조정하기보다 갑자기 쏟아지는 소나기에 대비해 실내 일정을 어느 정도 준비해두었다가 비가 오면 바로 바꾸는 유연함이 더 중요하다. 태양이 뜨거우니 선글라스를 챙기고, 어디를 가나 에어컨이 있으므로 카디건도 필수다.

더위와 비보다 더 신경 써야 할 것은 헤이즈(Haze)다. 인도네시아의 화전민들이 주로 봄, 가을에 개간을 위해 농경지를 태워 생기는 연기를 말하는데, 최근에는 그 시기가 들쑥날쑥하고 횟수도 늘고 있어 여행자들을 당황하게 만든다. www.haze.gov.sg에서 시간별 헤이즈 수치를 알 수 있으니 꼭 체크하고, 상태가 나쁘면 마스크를 준비한다.

공식 언어 4 languages

민족 구성이 중국계 74%, 말레이계 13%, 인도계 9%로 이루어져있어 영어, 중국어, 말레이어, 타밀어가 모두 공식 언어다. 하지만 영어로 의사소통이 된다면 전혀 걱정할 필요 없다. 영어와 중국어를 가장 많이 쓰고, 싱가포르 학교에서 영어와 중국어를 모두 가르치기 때문에 대부분 두 가지 언어를 자유자재로 구사한다. 혹시 내국인으로 착각해 중국어로 말을 걸더라도 영어로 다시 말해달라고 하면 된다. 공식 문서는 영어, 중국어, 말레이어, 타밀어로 표기한다.

경제 $51,431

1인당 GDP는 $51,431이며 경제지표 순위는 세계 11위다.

환율 ₩800~900

화폐단위는 싱가포르달러(SGD 또는 S$)를 사용하며, S$1는 800~900원 정도다.

시차 -1 hours

한국보다 1시간 늦다.

비자 90 days

한국인은 최대 90일까지 비자 없이 싱가포르 여행이 가능하다. 단, 여권의 유효기간이 6개월 이상 남아있어야 한다.

About Singapore 4

비용을 줄여주는 할인 티켓

여행지 입장권은 할인권을 예매해두는 것이 좋다. 여러 곳의 입장료를 합산하면 현장에서 사는 가격과 차이가 많이 난다. 여행지 할인권은 다음 네 곳에서 살 수 있다. 한국촌과 헤리티지 호스텔은 가격대가 비슷하므로 동선이 맞는 곳에서 산다.

한국촌 Hankookchon

교민 사이트로 39가지의 할인권을 판매한다. 웹사이트의 뉴스&공지에서 '싱가포르 주요 관광지 티켓 판매' 글을 클릭하면 할인권 종류와 가격이 나온다. 가격을 알아본 뒤 오차드에 있는 사무실에서 산다. 오차드 게이트웨이 쇼핑몰에서 걸어서 3분 거리에 있다. (위치는 P.85 참고)

주소 orchard road #03-18 orchard plaza 238841
웹사이트 www.hankookchon.com

헤리티지 호스텔 Heritage Hostel

차이나타운에 있는 한인 호스텔로 17가지 입장권을 살 수 있다. 중저가의 호스텔이 밀집된 차이나타운에 있어, 그 근처에 숙소를 정한 여행자에게 편리하다.(위치는 P.195 참고)

주소 293 south bridge road 058837
웹사이트 www.heritagehostel.net

클룩 Klook

유명 관광지 할인권뿐 아니라 타 사이트에서는 볼 수 없는 음식점, 호텔 패키지, 소소한 디저트 가게의 할인권까지 약 250개의 티켓이 준비되어있다. 어플을 통해 몇 번의 터치로 간편하게 예약할 수 있어 매우 편리하다.

웹사이트 www.klook.com/ko/

싱가포르 익스플로러 패스 Singapore Explorer Pass

싱가포르를 경유하거나 방문하는 싱가포르항공 이용자에 한해 유효기간 동안 20여 곳의 관광명소를 한 번씩 들어갈 수 있는 티켓이다. 자유이용권처럼 쓰는 티켓이어서 바쁘게 다녀야 하지만, 20여 곳 모두 정말 가볼 만한 곳들로 채워져 있어 알차다. 특히 다른 구입처에 없는 박물관이나 미술관, 고가의 싱가포르 플라이어 입장권이 포함되어있는 것이 장점이다.
그 밖에 워킹 투어(The Original Singapore Walks) 7가지 코스 중 한 가지를 선택할 수 있고, 덕 & 히포(Duck & Hippo)사의 2층 버스 투어 호프온 호프오프(Hop-on Hop-off) 4개 노선을 이용할 수 있다.(P.166 참고)
1일 패스가 어른 S$60, 아이(4~11세) S$45이며, 3일 패스까지 있다. 웹사이트에 접속해 여행 계획 〉 패키지 〉 싱가포르 익스플로러 패스를 클릭한다.

웹사이트 www.singaporeair.com

About Singapore 5

쏠쏠한 공항 서비스

· 입국할 때

면세 맥주 사기

짐을 찾아서 나가기 전에 DFS 면세점에서 여행 기간에 마실 맥주를 사면 좋다. 맥주 값이 밖에서 사는 것과 꽤 차이 나서 챙겨 가면 여행 내내 잘 마실 수 있다. 타이거 맥주가 면세점에서 세 캔 S$5~6 정도인데, 시내 편의점에서는 한 캔이 S$4 정도다.

유심 칩 사기

시내에 도착해 편의점에서 유심 칩을 사려면 의외로 팔지 않는 곳이 많아 불편을 겪을 수 있다. 공항 내 환전소에서 살 수 있다. 종류가 다양하지는 않지만, 일반 여행자가 쓰기 편한 합리적인 가격의 유심 칩을 판다.

· 출국할 때

공항 내 마트에서 쇼핑하기

빡빡한 일정으로 쇼핑을 충분히 못 했다면 공항 안에 있는 마트를 이용한다. 식품 위주의 쇼핑이 되겠지만, 아쉬운 마음을 달랠 수 있다. 싱가포르의 대표 슈퍼마켓 브랜드인 페어프라이스(Fairprice)가 터미널 2 지하 1층에, 페어프라이스의 프리미엄 브랜드인 페어프라이스 파이니스트(Fairprice Finest)가 터미널 3 지하 2층에 있다.

수하물 보관소에 짐 맡기기

네 개의 터미널 모두 수하물 보관소(Left Luggage)가 잘 갖추어져있다. 24시간 보관하는 데 작은 짐은 S$4, 10kg 이하는 S$8, 10kg 이상은 S$12다. 공항에서 쇼핑 등 볼일을 보거나 공항 근처를 여행할 때 유용하다.

부가가치세 환급받기

'택스 프리(Tax Free)'라는 문구가 붙어있는 시내 매장에서 S$100 이상 물건을 샀을 경우, 부가가치세(Goods and Services Tax) 환급 영수증을 요청하면 여권을 확인한 뒤 부가가치세 환급용 영수증을 발급해준다. 그 영수증들을 모아 공항 GST 리펀드(GST Refund)를 찾아가면 부가가치세 7%를 환급받을 수 있다.

나비 정원 구경하기

터미널 3 2층 환승 라운지에는 꽤 괜찮은 나비 정원(Butterfly Garden)이 있다. 자연의 모습 그대로 꾸며진 정원에 40여 종, 1천여 마리의 나비들이 자유롭게 날며 서식한다. 시간이 남아서라 아니라 잠시 시간을 내서 와봐야 할 곳이다.

슬라이드 타기

싱가포르에서 가장 긴 슬라이드, 더 슬라이드(The Slide)가 터미널 3 1층에 있다. 출국 당일 공항 안에서 음식을 먹거나 물건을 산 영수증을 제시하면 S$10당 한 번 탈 수 있다. 슬라이드 길이는 12m로 건물 4층 높이다. 높은 만큼 키가 130cm 이상이어야 탈 수 있다. 터미널 3 지하 2층에 1.5층 높이의 무료 슬라이드도 마련되어있다. 키 110cm 이상이면 탈 수 있다.

About Singapore 6

주얼 창이공항 Jewel Changi Airport 자세히 보기

7년 연속 세계 최고 공항으로 명성을 떨치고 있는 창이공항은 (4개의 터미널을 보유하고 있으며) 매일 약 1,000대의 비행기가 뜨고 내리는 매우 바쁜 공항 중 하나다. 창이공항은 공항 자체를 여행지라 해도 손색이 없을 만큼 볼거리가 많다.

인공자연의 끝은 과연 어디인가

마리나 베이 샌즈를 보며 앞으로 이보다 더 새로운 건축물이 있을 것이라고 의심조차 하지 않았다. 가든스 바이 더 베이를 보면서는 진짜 아름다운 인공자연의 끝을 보았다고 감히 장담을 했었다. 그런데 마리나 베이 샌즈로 전 세계를 놀라게 했던 건축가 모셰 사프디(Moshe Safdie)는 주얼을 설계하면서 또 한 번 세계를 놀라게 했다.

주얼은 창이공항 제1터미널 옆에 위치한 지하 2층 지상 5층으로 지어진 복합 단지로, 건축물 중심에 세계에서 가장 긴 40m 길이의 인공 폭포, 실내정원, 호텔, 패스트 체크인 키오스크 그리고 대형 쇼핑몰 등이 들어와 있다. 인공 폭포 HSBC 레인 볼텍스(HSBC Rain Vortex)는 상식을 뛰어넘는 크기와 높이로 우리를 압도한다. 특히 밤에 펼쳐지는 빛과 소리쇼는 주얼을 한층 더 신비스럽고 매력적인 공간으로 만든다. 한참 동안 폭포를 바라보다 보면 차츰 주변 식물들이 눈에 들어온다. 놀랍게도 주얼 안에 조성된 정원식물들은 120여 종의 진짜 식물이다. 폭포 주변에는 시세이도 포레스트 밸리(Shiseido Forest Valley), 캐노피 파크(Canopy Park), 창이 익스피어리언스 스튜디오(Changi Experience Studio) 등 다양한 즐길 거리가 층별로 분포되어 있다.

쇼핑몰에는 280여 개의 숍과 음식점이 입점되어 있는데 다른 쇼핑몰과 달리 영업시간을 늘려서 영업하거나 24시간 운영하는 곳들도 꽤 있어 편리하다. 쇼핑몰 외에도 쇼 시어터(Shaw theatres) 영화관, 시간 단위로 짧게 머물 수 있는 신개념 호텔 '요텔에어(Yotelair)'가 아시아 최초로 들어와 있다. 한정된 항공사에 한하지만 패스트 체크인을 한 후 여유 있게 주얼을 즐길 수 있다. 싱가포르 여행의 시작은 공항을 빨리 빠져나가는 것이 아니라 주얼에서 충분히 여행을 시작하거나 마무리하는 것이 상식이 될 것 같다.

Info

주소 78 airport boulevard 819666

영업시간 10:00~22:00 (단, 가게별로 영업시간이 다르므로 개별 확인 필요. 24시간 운영하는 음식점도 일부 있음)

· HSBC 레인 보르텍스(HSBC Rain Vortex) 운영시간 08:00~00:30

레인 보르텍스 빛과 소리 쇼(Light & Sound Show) 19:30, 20:30, 21:30, 22:30, 23:30, 00:30

About Singapore 7

여행이 더 알차고 즐거워지는 꿀팁

· 기억해야 할 싱가포르만의 규칙

자동차 길이 우리와 반대다

싱가포르에서는 자동차가 왼쪽 길로 다니므로 횡단보도를 건널 때 오른쪽을 반드시 살피고 건너야 한다. 한국인들의 교통사고 사망 사례가 있는 만큼 각별히 신경 쓴다.

밤 10시 이후에는 술을 팔지 않는다

밤 10시부터 아침 7시까지는 주류 판매 금지 시간이라 어른도 술을 살 수 없다. 하루의 피로를 풀며 시원한 맥주를 한잔 하고 싶다면 미리 사두어야 한다.

메뉴판의 가격이 다가 아니다

호커 센터를 뺀 대부분의 음식점에서 부가가치세 7%와 봉사료 10%를 별도로 받는다. 음식 값에 포함되어있는 곳도 몇몇 있는데, 메뉴판 가격 옆에 Nett라고 쓰여 있으면 이미 포함되어있다는 뜻이다. 이 책에 기재된 가격도 부가가치세와 봉사료가 붙기 전 가격이다.

· 여행 계획 세울 때 알아둘 점

가고 싶은 곳의 SNS를 팔로잉한다

찜해둔 박물관, 미술관, 공원, 음식점, 카페 등의 공식 SNS 계정을 미리 팔로잉해두면 이벤트와 할인 정보 등을 얻을 수 있다. 여행 계획을 세울 때부터 여행이 끝날 때까지 꾸준히 SNS를 체크하는 것이 좋다.

공항에서 도심까지는 택시를 탄다

공항에서 시내로 갈 때 버스와 전철도 편리하지만, 숙소를 공항 근처에 잡지 않았다면 택시 타기를 권한다. 30여 분이면 갈 수 있고 요금도 S$20~25 정도(피크 타임에는 S$30~35 정도)로 부담스럽지 않아 무거운 짐을 들고 기운 빼기보다 힘과 시간을 절약하는 편이 낫다. 단, 출퇴근 시간에는 교통체증으로 조금 지체될 수 있다.

싱가포르 로컬 커피는 주문 방법이 따로 있다

커피머신 없이 전통 방식으로 우리는 싱가포르 로컬 커피는 설탕, 우유, 얼음의 유무와 혼합 정도에 따라 각기 용어가 있다. 미리 익혀두면 현지에서 원하는 커피를 마실 수 있다. 예를 들어 연유를 넣은 아이스커피를 주문하려면 코피-펭(KOPI-PENG)이라고 말한다. 차를 주문할 때는 코피(KOPI) 대신 떼(TEH)를 넣으면 된다.

코피 KOPI
연유를 넣은 커피

코피-오 KOPI-O
설탕은 넣고 우유는 넣지 않은 커피

코피-오-코송 KOPI-O-KOSONG
설탕, 우유 모두 넣지 않은 커피

코피-씨 KOPI-SI
설탕, 우유 모두 넣은 커피

펭 PENG
얼음을 넣어서

가따이 GA DAI
설탕을 많이

시우따이 SIU DAI
설탕을 적게

까오 GAO
커피를 많이

포 PO
커피를 적게

• 챙겨 가면 좋은 것들

스마트 캐주얼 옷

바에 갈 때 차려입을 필요는 없으나 슬리퍼, 운동화, 티셔츠 차림은 피해야 한다. 끈 없는 슬립온 신발, 셔츠, 긴 바지 등 캐주얼하지만 격식에 너무 어긋나지 않는 옷을 챙긴다.

멀티 콘센트

싱가포르에서는 3구 탭을 사용하는 데다 여행 중에는 휴대폰 외에도 태블릿 PC, 카메라 등 동시에 충전해야 할 것들이 많다. 개인용 콘센트를 챙겨 가는 것이 좋다.

보냉 물병

대규모 관광지에서는 물 한 병도 S$2~3로 사 먹으려면 꽤 부담스럽다. 숙소에서 최대한 마실 물을 챙긴다. 시원하게 유지되는 보냉 물병에 담거나 얼려서 가져가면 좋다.

물티슈

음식점에서 주는 물티슈는 대부분 돈을 받는다. 쓰지 않았어도 따로 얘기하지 않으면 음식 값에 포함시키는 경우가 있어 조심해야 한다. 한국 식당도 예외가 없다.

#1

여행과 일상이 공존하는
걷기 여행 코스

티옹 바루 알렉산드라 로드

Tiong Bahru Alexandra Road

여행을 가면 그 나라의 시장부터 가보라고 한다. 티옹 바루에는 70년 전통의 티옹 바루 시장이 있다. 먹음직스러운 열대 과일과 해산물 등 볼거리가 풍성할 뿐 아니라, 대를 이어 운영하는 음식점들이 늘어선 호커 센터(Hawker Center, 일종의 푸드 코트)에서는 활력이 느껴진다.

2003년 보존지역으로 지정되어 예전 모습이 많이 남아있는 낡은 아파트와 나선형 계단도 정겹다. 골목 사이사이에 들어선 카페들을 돌며 달콤한 케이크와 커피 맛을 비교해보고, 소문난 맛집에서 한 끼 식사를 즐기며 나만의 미식 여행을 즐길 수도 있다.

티옹 바루에서 오전을 보내고, 오후에는 가까운 알렉산드라 로드로 발길을 옮긴다. 티옹 바루 시장이 점심때가 되면 대부분 문을 닫기 때문에, 티옹 바루 먼저 돌아보고 알렉산드라 로드로 옮기는 것이 좋다. 거리는 가까운데 전철로 가려면 양쪽 역 모두 10여 분 걸어야 하므로 택시 타고 가기를 권한다.

알렉산드라 로드의 랜드 마크인 이케아를 둘러보고 나오면, 파란색 교복을 입고 삼삼오오 모여서 핫도그를 먹는 여중생들과 마주친다. 싱가포르식 영어인 싱글리시로 수다를 떨며 까르르 웃는 모습에 미소가 지어진다. 점심으로는 길 건너 알렉산드라 빌리지 푸드 센터에서 파는 뜨끈한 국수가 제격이다.

현대미술의 중심지 길먼 배럭스로 가는 길은 가로수가 울창해 마치 숲 속을 걷는 기분이 든다. 미술단지 맞은편에 있는 호트 공원도 산책로인 서던 리지스의 일부여서 걷기 여행에 최적화된 코스다.

티옹 바루와 알렉산드라 로드를 거닐다 보면 동네 사람들과 섞여 일상을 보내고 있는 듯한 동질감이 들곤 한다. 묘하게 빠져드는 매력이 있다. 이 지역은 가게, 미술관 등이 월요일에 많이 쉬므로, 월요일은 피해 가는 것이 좋다.

12

티옹 바루

Tiong Bahru

추천 코스 도보

티옹 바루 시장 → 티옹 바루 베이커리 → 티안스 → 빈초 또는 후아비 → 포티 핸즈 → 북스 액추얼리 → 우즈 인 더 북스 → 나나 앤드 버드 → 플레인 바닐라

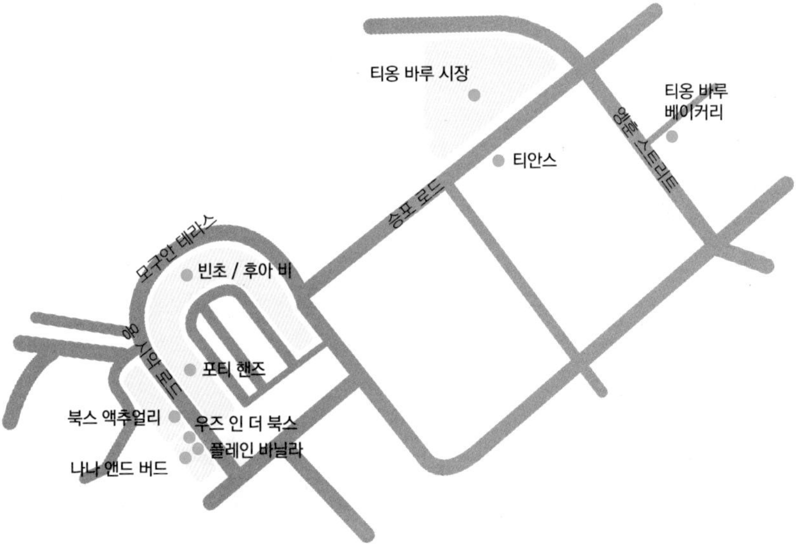

활력 넘치는 티옹 바루의 중심

티옹 바루 시장 Tiong Bahru Market

티옹 바루를 대표하는 곳으로, 농수산물을 취급해 늘 바닥이 젖어 있기 때문에 현지에서는 웨트 마켓(Wet Market)이라고 부르는 경우가 더 많다. 티옹 바루 시장은 1945년 두 개의 숍 하우스(가게 겸 가정집)를 개조해 시작했다. 70여 년간 몇 번의 이사를 거쳐 2006년 2층짜리 건물로 들어가면서 호커 센터가 생겼다.

이곳은 물건이 신선하기로 유명한데, 과일을 만지작거리면 신경질적인 반응을 보이는 주인도 간혹 있으니 주의한다. 잡화점이나 옷가게 등도 많다. 특히 옷가게에서는 '메이드 인 코리아(Made in Korea)'라고 크게 써 붙인 제품을 가게 앞에 진열하고 호객 행위를 하는 모습도 보인다.

2층에 있는 호커 센터에는 80개가 넘는 음식점이 자리하고 있다. 시장의 오랜 역사만큼 대를 이어 영업하는 집도 많아 음식 맛은 전체적으로 좋은 편이다. 음료는 텍 승 두유(Teck Seng Soya Bean Milk)와 33 카페가 유명하다.

Info

주소 30 seng poh road 168898
영업시간 가게마다 조금씩 다르다. 아침 일찍, 늦어도 오전 중에 방문하는 것이 좋다.
가격 텍 승 두유 음료 · 두부 S$1 내외 / 33 카페 커피 S$1 정도

Plus

티옹 바루 베이커리 Tiong Bahru Bakery

티옹 바루를 핫 플레이스로 거듭나게 한 공신으로, 특히 크루아상이 유명하다. 티옹 바루 베이커리를 이끄는 곤트란 쉐리에 베이커리가 우리나라에도 있지만 분위기가 전혀 다르다.

주소 eng hoon street #01-70 160056

1

1 리노베이션으로 외관이 한층 깔끔해진 티옹 바루 시장.
2 33 카페는 현재 창업자의 손녀가 이끌고 있다. 그녀의 수줍은 포즈가 인상적이다.
3 티옹 바루 시장 1층에서는 해산물과 고기, 과일, 꽃 등을 판다.

좋은 재료로 만든 맛있는 디저트

티안스 Tianns

단정하고 깔끔한 외관이 티옹 바루의 분위기와 잘 어울리는 곳이다. 안으로 들어가면 메뉴판 한쪽에 글루텐프리, 정제 설탕 무첨가, 아가베 시럽 무첨가, 인공 향료 무첨가 등의 문구가 빼곡히 쓰여 있다. 먹을거리에 대한 주인의 신념이 그대로 느껴진다.

이 집에 처음 갔을 때 빵과 케이크에 필수처럼 들어가는 재료들이 많이 빠져서 기대 반 우려 반으로 대표 메뉴인, 초콜릿으로 만든 푸딩(Sticky Date Pudding)을 주문했었다. 대규모 프랜차이즈 카페에서 사 먹은 케이크가 혀가 얼얼할 정도로 달아서 한동안 케이크를 입에 대지 않았었는데, 이곳의 케이크는 전혀 달랐다.

티안스의 케이크는 촉촉하고 폭신한 촉감과 함께 부드러운 원재료의 풍미가 살아있다. 음료로 선택한 화이트 모카도 원두의 깊은 맛이 그대로 전해진다. 좋은 재료를 아낌없이 쓴다는 것을 알 수 있다. 그래서인지 아이를 데리고 온 손님이 끊이지 않는다.

빵 외에 아이스크림을 곁들인 와플, 멕시칸 샐러드, 불고기와 비빔밥 등 식사 메뉴도 준비되어있다.

Info

주소 71 seng poh road #01-35 160071
영업시간 화~금 08:00~16:00, 토 09:00~18:30, 일 09:00~17:30, 월요일 휴무
가격 케이크 S$6~10, 화이트 모카 S$6

1 좋은 먹을거리로 신임을 얻고 있는 티안스. 2 화려한 장식은 없지만 담백한 맛이 좋은 스티키 데이트 푸딩. 3 티안스는 흰색 타일과 노란 전구가 어우러져 안정감을 준다.

낮과 밤이 다른 일본식 음식점

빈초 Bincho

유명한 음식점인 후아 비에 갔다가 우연히 알게 된 특별한 맛집이다. 보통 음식점 뒤편은 쓰레기나 잡다한 집기들이 쌓여있어 별 관심을 두지 않는다. 빈초는 후아 비 뒤편에 당당히 자리하고 있다. 창고 문처럼 보이는 작은 쪽문이 빈초의 출입구다.

쪽문을 열고 들어가면 작지만 아늑한 음식점이 나온다. 철제 펜스가 벽과 천장을 감싸고 있는데, 한쪽 벽에 덧대어진 나무가 철제의 차가운 느낌을 상쇄시킨다. 마치 비밀스러운 아지트에라도 들어온 것 같은 느낌이 든다. 복도를 지나면 작은 원형 테이블이 놓여있고 개방된 주방이 보인다.

빈초는 70여 년 된 전통 커피숍 코피티암(Kopitiam) 자리에 들어선 일본 음식점이자 주점이다. 오사카 꼬치구이 집을 염두에 두고 가게를 꾸몄다고 한다. 주방 바로 앞에 마련된 작은 테이블에 앉아 식사를 하다 보면 만화「심야식당」속 손님이 된 것 같은 기분이 든다.

Info

주소 78 moh guan terrace #01-19 162078

영업시간 12:00~15:00, 18:00~24:00(손님의 유무, 분위기 등에 따라 영업시간을 연장하기도 한다.), 월요일 휴무

가격 돈부리 런치 세트 S$25~45, 빈초 익스프레스 세트(디너) S$68 정도

Plus

후아 비 Hua Bee

오래 전부터 소문난 음식점이다. 유명세에 비해 맛은 좀 부풀려진 듯하지만, 한 번쯤은 가볼 만하다. 볶음 국수와 어묵이 들어간 국물 국수를 둘 다 맛볼 수 있는 콤보 메뉴를 추천한다.

주소 78 moh guan terrace 162078

저녁에는 사케와 위스키, 와인, 칵테일 등 다양한 술과 요리를 파는 주점으로 바뀐다. 안주는 세트와 단품이 있는데, 단품은 정해진 메뉴 없이 그날그날 재료에 따라 달라진다. 편안하게 한잔하기 좋은 곳이지만, 분위기와 음식 맛에 취해 이것저것 주문하다 보면 의외로 음식 값이 좀 나오는 편이라 주의해야 한다. 대신 점심때는 코스로 나오는 돈부리 런치 세트가 싼값에 준비되어있다. 잘 스며든 불맛에 소스가 더해진 고기가 식욕을 자극하는 인기 메뉴다.

1 좁고 낡은 통로를 빈티지하게 꾸민 빈초 입구. **2** 빈초는 통유리를 통해 셰프가 요리하는 모습을 지켜볼 수 있다. **3** 빈초 정문은 모르고 가면 그냥 지나칠 만큼 평범하다.

1

2

3

톡톡 튀는 패션 아이템을 원한다면

나나 앤드 버드 Nana & Bird

용 시악 골목(Yong Siak Street)의 차분한 분위기를 상큼하게 환기시키는 옷과 액세서리가 인상적인 부티크다. 다양한 동물이나 비키니 차림의 소녀가 있는 커다란 펜던트에서 나나 앤드 버드만의 귀엽고 발랄한 개성이 물씬 느껴진다. 옷은 원단의 느낌을 잘 살린 단순한 디자인이 많다. 톡톡 튀는 이 집의 액세서리와 잘 어울려 같이 맞춰서 사면 좋다.

'내가 사고 싶은 것만 팔겠다'는 주인의 철학 덕분에 나나 앤드 버드에는 전 세계를 아우르는 좋은 디자이너의 제품들이 다양하게 갖추어져있다. 최근에는 독특하면서도 편안한 디자인의 키즈 라인까지 확대되었다. 홈페이지에 들어가면 다양한 세일 품목을 찾아볼 수 있으므로, 미리 둘러보고 간다면 조금 더 똑똑한 쇼핑을 할 수 있다.

Info

주소 1m yong siak street 168641
영업시간 월~금 12:00~19:00, 토 · 일 · 공휴일 11:00~19:00
가격 펜던트 S$70 정도부터, 원피스 S$200 정도부터, 키즈 라인 S$50 정도부터

Plus

지나치기 아쉬운 티옹 바루의 명소

용 시악 골목에는 다양한 독립 출판물을 만날 수 있는 북스 액추얼리(Books Actually), 한 잔의 커피를 만들기 위해 40명의 손길이 필요하다는 뜻의 포티 핸즈(Forty Hands), 아기자기한 어린이 서점 우즈 인 더 북스(Woods in the Books) 등 눈길을 끄는 가게들이 모여 있다.

주소 북스 액추얼리 9 yong siak street 168645
포티 핸즈 78 yong siak street #01-12 163078
우즈 인 더 북스 no.3 yong siak street 168642

1

1 쇼윈도에 걸린 화려한 옷들이 발길을 멈추게 하는 나나 앤드 버드. **2** 파이프를 이용해 꾸민 인테리어가 감각적이다. **3** 소녀 감성이 물씬 풍기는, 독특한 디자인의 펜던트.

2

3
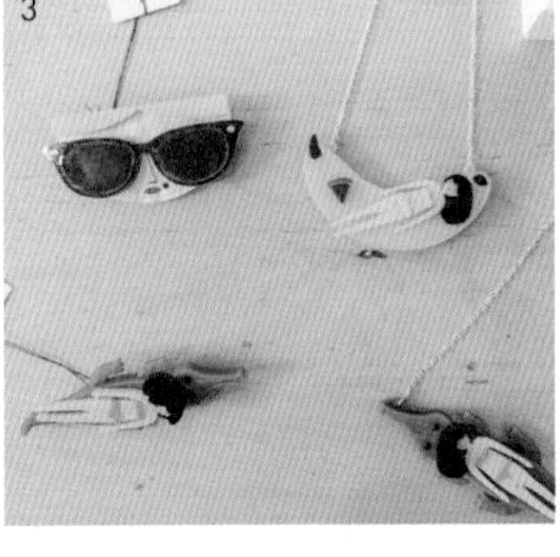

차별화된 맛, 자유로운 분위기

플레인 바닐라 Plain Vanilla

용 시악 골목에 들어서면 먼발치에 낡은 자전거 세 대가 놓여있고 말린 꽃다발이 매달려있는 가게가 보인다. 얼핏 봐서는 어떤 가게인지 가늠하기 어려운데, 천천히 다가가보면 군더더기 하나 없는 간결한 간판과 유리창 너머 풍경이 카페임을 알려준다.

출입구는 안쪽 깊숙이 있고, 가게 앞은 일종의 다용도 공간으로 꾸며져있다. 넓은 좌식 테이블과 해먹, 그네가 운치 있게 놓여있고, 벽에는 아이들이 자유롭게 낙서한 흔적도 있다. 여기저기 바닥에 앉아 책을 보거나 얘기를 나누며 커피와 빵을 먹는 손님들이 편안해 보이는 곳이다.

이 집의 인기 메뉴는 초콜릿 헤이즐넛 컵케이크, 밀크 초콜릿 바나나 컵케이크, 다양한 견과가 들어간 빵, 연어와 단호박을 넣고 구운 타르트다. 프랑스산 버터, 벨기에산 초콜릿 등 원재료부터 차별화해 맛이 풍부하다. 싱가포르는 결혼식 답례품이나 어머니의 날 같은 특별한 날에 컵케이크 세트를 선물하는 일이 많아, 케이크 위에 메시지를 넣은 컵케이크 세트도 선물용으로 인기다.

플레인 바닐라에서는 그림, 공예, 요가, 꽃 장식 등 다양한 수업도 정기적으로 진행한다. 단순히 카페라기보다 소박한 문화공간이다.

Info
주소 1d yong siak street 168641
영업시간 월~토 08:00~19:00, 일 09:00~18:00
가격 컵케이크 S$4 정도, 컵케이크 6개 세트 S$20 정도

1 드라이플라워와 낡은 자전거, 소박한 간판이 특별한 분위기를 풍기는 플레인 바닐라. **2** 바닥에 편하게 앉아 따스한 햇살을 느낄 수 있는 공간은 아기 엄마들에게 인기다. **3** 플레인 바닐라는 타르트뿐 아니라 샐러드도 있어 브런치를 즐기기 좋다.

알렉산드라 로드

Alexandra Road

추천 코스 도보

이케아 → 앵커포인트 쇼핑센터 → 상하이라이멘 샤오롱바오 또는 켕엥키 시푸드 → 길먼 배럭스 → 서던 리지스 초입 산책 → 호트 공원

싸고 맛있고 편리한 쇼핑

이케아 알렉산드라 로드 IKEA Alexandra Road

도심에 있어 교통이 편하고, 부담 없는 가격대의 물건들이 많아 선물을 사기에 좋다. 일반적으로 싱가포르의 물가가 우리나라보다 비싼데, 이케아는 3~4% 싸거나 비슷한 수준이다. 영업시간이 밤 10시까지라 바쁜 일정을 마치고 나서 들를 수 있고, 정문 앞에 늘 택시가 대기하고 있어 숙소로 돌아가기도 편하다.

쇼핑은 2층에서 시작되는데, 쇼핑시간을 줄인다고 안내표지판을 무시했다가는 도리어 길을 잃고 빙빙 돌 수 있다. 넓지는 않아도 꽉 차게 꾸며놓은 만큼 표지판을 따르는 것이 좋다. 2층에는 아기용품, 장난감, 욕실용품, 발코니 가구 등이 있고, 1층에는 액자, 조명, 장식품, 주방용품, 그릇, 수납용품, 침구, 정원용품 등이 있다.

식사시간이 되면 수많은 남녀노소가 2층에 있는 푸드 코너로 모인다. 다양한 연령대의 싱가포르 사람들이 이곳에서 식사하는 모습은 매우 친숙한 광

Info

주소 317 alexandra road 159965

영업시간 매장 일~목 10:00~22:00, 금 · 토 10:00~23:00 / 푸드 코너 일~목 09:00~22:00, 금 · 토 09:00~22:30

가격 치킨 4조각 S$6 정도, 토마토 스파게티 S$8 정도

Plus

앵커포인트 쇼핑센터 Anchorpoint Shopping Center

찰스 앤 키스, 페드로 등 패션 아울렛 매장이 많아 현지에서 입을 옷을 싸게 살 수 있다. 복잡하지 않은 데다 편의점, 카페 등도 입점해있어 편리하다.

주소 370 alexandra road 159953

경이다. 다들 마실 나온 것처럼 편안한 차림으로 식사를 즐기는데, 한바탕 와자지껄한 식사시간이 끝나면 자연스럽게 조용한 카페로 변한다.
대표 메뉴는 뭐니 뭐니 해도 치킨과 토마토 스파게티다. 고소하고 새콤한 소스를 곁들인 연어구이와 감자도 한 끼 식사로 좋다. 다양한 케이크와 스낵류도 있는데, 특히 1층에서 파는 아이스크림과 핫도그는 빼놓을 수 없는 간식 메뉴다.

1 이케아는 쇼룸을 실제 집처럼 편안하게 꾸며놓았다. **2** 이케아 푸드 코너의 대표 주자, 토마토 스파게티와 치킨.

촉촉한 육즙의 깊고 깔끔한 맛

상하이라미엔 샤오롱바오 Shang Hai La Mian Xiao Long Bao

이케아 바로 맞은편에 있는 호커 센터, 알렉산드라 빌리지 푸드 센터(Alexandra Village Food Center)에 평범해 보이지만 아는 사람들 사이에선 맛집으로 소문난 만두와 국수 가게가 있다. 가게도 조그맣고 메뉴 사진들도 별다를 것이 없어 무심히 지나치기 쉬우나, 유난히 손님들이 많고 식사 시간이 나가오면 여지없이 긴 줄이 늘어서는 곳이다.

대표 메뉴는 스팀드 미니 번스(Steamed Mini Buns), 바로 샤오롱바오다. 주변 사람의 추천으로 가긴 했지만 호커 센터 음식이 얼마나 특별하겠냐는 생각에 아무 기대 없이 먹었다가 깊고 깔끔한 맛에 놀랐던 음식이다. 촉촉하게 터져 나오는 육즙이 입 안 가득 퍼지면서도 고기 냄새는 전혀 나지 않는 것이 시내의 유명 중국 음식점과 비교해도 전혀 뒤지지 않는다. 라미엔 프라이드 빈 소스(La Mian Fried Bean Sauce)는 일종의 짜장면이다. 우리나라 짜장면과 비슷한 맛이어서 싱가포르에 사는 한국인들에겐 향수를 달래는 소울 푸드다. 고기가 꽉 찬 만두를 기름에 바삭하게 구운 군만두(Pan Fried Dumplings)와 고기 맛이 진하게 우러난 만두국수(Dumpling Noodle)도 엄지손가락을 치켜들게 한다.

Tip 라미엔 프라이드 빈 소스는 일찌감치 다 팔리기도 한다. 저녁 6시 전에는 주문하는 것이 좋다.

Info
주소 120 bukit merah lane1 alexandra village food center #01-56 150120
영업시간 11:00~14:30, 17:00~20:30, 월요일 휴무
가격 샤오롱바오 S$4 정도, 만두국수 S$3 정도

1 늘 기대를 저버리지 않는 상하이라미엔 샤오롱바오의 대표 메뉴들. 2 식사시간이 되면 슬슬 대기하는 줄이 길어진다.

미슐랭 가이드가 인정한 칠리 크랩

켕엥키 시푸드 Keng Eng Kee Seafood

싱가포르를 여행하면서 꼭 먹어야 하는 음식 중 하나가 칠리 크랩이다. 하지만 적지 않은 비용을 지불해야 하는 것이 큰 부담이다. 유명 해산물 음식점 못지않은 맛과 합리적인 가격을 자랑하는 곳이 알렉산드라 빌리지 푸드 센터에 있다. 50년이 넘도록 대를 이어 운영하는 켕엥키 시푸드다. 이 집은 하이난에서 이주한 중국인 부부가 작은 커피숍에서 하이난 치킨 라이스를 팔면서 시작되었다. 부부의 큰딸이 함께 일하는 요리사와 결혼해 가업을 잇고, 지금은 3대째 대를 이어 운영하고 있다.

켕엥키 시푸드는 2017년에 세계거리음식회의(World Street Food Congress)에서 선정한 '세계 거리음식 베스트 50'에 선정되었고, 미슐랭 가이드에도 이름을 올렸다. 분위기는 허름한 편이다. 실내에 에어컨을 갖춘 공간이 있지만 크지 않고 야외에 테이블이 더 많은데, 야외도 햇볕을 가려 덥지는 않다. 식사시간에 맞춰 가면 기다릴 수 있으니 일찍 도착하는 것이 좋다.

Info

주소 blk 124 bukit merah lane1(Alexandra village) #01-136 150124

영업시간 12:00~14:30, 17:00~22:00

가격 크랩 1마리(6조각) S$70~80 정도(시기에 따라 바뀔 수 있다.), 버터 시리얼 새우(Butter Cereal Prawns) 양에 따라 S$18~38

Plus

인터레이스 콘도 The Interlace Condo

켕엥키 시푸드에서 뒤를 보면 블록을 쌓아 놓은 듯 독특한 모양의 건물이 보인다. 독일 건축가 올레 스히렌이 설계한 아파트로, 창의적인 디자인 덕분에 많은 건축 상을 휩쓸었다. 건축에 관심이 있다면 빼놓을 수 없는 코스다.

1

1 눈여겨보지 않으면 지나칠 만큼 허름한 켕엥키 시푸드 외관. **2** 버터 시리얼 새우. 바삭한 새우 맛이 일품이다. **3** 칠리 크랩. 토마토 맛이 조금 강한 것이 특징이다.

2

3

자연 속에서 만나는 현대미술

길먼 배럭스 Gillman Barracks

영국 식민지 시절에 막사로 쓰였던 길먼 배럭스는 현재 싱가포르 현대미술의 중심지로 급부상 중이다. 싱가포르에 넘겨진 후 제자리를 찾지 못하다가 2012년에 리모델링을 마치고 열한 개의 갤러리, 정부 지원을 받는 난양기술대학의 현대미술연구센터, 아이들을 위한 창의적 놀이공간 플레이엄(Playeum), 다양한 음식점과 카페가 차례차례 입주하면서 주목받고 있다. 길먼 배럭스라는 이름은 식민지 때 영국군이었던 웹 길먼 장군의 이름에서 따왔다.

굵직한 시설이 들어와있지만 대낮에 만나는 길먼 배럭스는 한적하다. 울창한 자연 속에 듬성듬성 자리 잡은 낡은 저층 건물들은 그 자체로 멋스럽다. 이곳에서 회화, 조각, 설치미술, 미디어 아트, 사진 등 세계 각국에서 온 다양한 장르의 작품들이 전시된다.

두 달에 한 번씩 열리는 '아트 애프터 다크(Art After Dark)'와 '아트 데이 아웃(Art Day Out)' 행사는 오픈 스튜디오, 각종 공공미술, 교육 프로그램, 가이드 투어, 라이브 콘서트, 아트 마켓 등으로 이루어진 정기적인 이벤트다. 이날만큼은 많은 인파가 모인다.

Info
주소 9 lock road 108937
개방시간 화~토 11:00~19:00, 일 12:00~18:00, 월요일 휴무
입장료 무료

1

1 숲이 울창한 길먼 배럭스. 자연과 예술을 함께 만날 수 있다.
2 은은한 조명을 받은 길먼 배럭스는 밤에도 멋스럽다.

진짜 홈 메이드 랍스터 롤을 맛보다

더 네이키드 핀 The Naked Finn

네이키드 핀은 길먼 배럭스 안에서 신선한 해산물로 롤이나 국수, 필레 요리를 선보이는 음식점이다. 네이키드는 '벌거벗은'이라는 뜻으로 원재료에 많은 것을 덧입히지 않고 본연의 맛을 그대로 살린다는 뜻을 담았고, 핀은 주인이 좋아하는 영화 「위대한 유산」의 주인공 이름에서 따왔다. 음식은 대체로 캐주얼하지만, 안쪽 벽 전체가 푸른 식물로 꾸며져있고 조명이 은은해 매장 분위기는 차분하면서도 생기가 있다.

대표 메뉴는 랍스터 롤(Lobster Roll)과 새우 누들(Prawn Noodle)이다. 버터와 마요네즈 소스가 은은하게 어우러진 랍스터 롤은 베어 물었을 때 입 안 가득 느껴지는 바닷가재 살의 부드럽고 풍성한 맛이 일품이다. 이 집은 소스와 셔벗까지 모든 음식을 직접 만든다. 특히 바닷가재 보호를 위해 주류 종을 취급하지 않는 등 보이지 않는 부분까지 신경 쓰는 모습이 인상적이다.

Info
주소 block 39 malan road gillman barracks 109442
영업시간 화~토 12:00~15:00, 18:00~22:00, 일 · 월요일 휴무
가격 랍스터 롤 S$35~42 정도, 새우 누들 S$25 정도

1 네이키드 핀은 길먼 배럭스 안에 있는 음식점답게 외부를 나뭇잎으로 장식했다.
2 대표 메뉴 랍스터 롤. 빵과 랍스터 살이 모두 부드럽다.

원재료 맛이 살아있는 수제 아이스크림

크리미어 Creamier

길먼 배럭스에 음식점과 바에 이어 수제 아이스크림과 커피를 파는 크리미어가 생기면서 먹을거리가 더 풍성해졌다. 크리미어는 2011년 좋은 재료만을 엄선해 숙련된 기술과 노하우, 합리적인 가격으로 양질의 아이스크림을 제공하겠다는 마음으로 싱가포르의 오래된 주거지역 토파요(Toa Payoh)에 문을 열었다. 그곳에서 좋은 평가를 받고 길먼 배럭스 선다람 타고르 갤러리(Sundaram Tagore Gallery) 옆에 2호점을 열었다.
크리미어 아이스크림은 원재료에 충실한 부드러운 질감이 인상적이다. 타이 밀크 티(Thai Milk Tea), 얼 그레이 라벤더(Earl Grey Lavender) 등 차에서 영감을 받아 만든 아이스크림도 있어 선택의 폭이 넓다. 음료 역시 재료를 아끼지 않는다. 직원의 권유로 소다를 마셨는데 향만 낸 것이 아니라 진짜 과일 원액으로 만들어 맛이 풍부하고 장식도 예뻤다. 식사 후 여유 있게 디저트를 즐기기에 좋은 곳이다.

Info
주소 5a lock road 108927
영업시간 화~목 13:00~21:00, 금 · 토 12:00~23:00, 일 12:00~22:00, 월요일 휴무
가격 아이스크림 싱글 컵 S$3 정도, 소다 S$5 정도

1 야외 테이블에 앉으면 길먼 배럭스의 분위기를 더 깊이 느낄 수 있다. **2·3** 원재료의 맛과 질감을 살린 아이스크림과 소다.

싱가포르 최고 인디 뮤지션의 라이브 공연

팀버 Timbre

뮤직 페스티벌 등 다양한 음악 사업을 하는 팀버 그룹 소유의 라이브 뮤직 바로 길먼 배럭스 안에 있다. 싱가포르 인디음악계에서 활동하는 뮤지션들의 음악을 직접 들을 수 있다. 철골 구조물을 나무와 대나무 발이 감싸고 있는 팀버는 아늑하고 편안한 데다 벽이 없어 길먼 배럭스의 푸르른 자연이 물씬 느껴진다. 무심한 듯 여기저기 달린 노란 전구는 여기에 로맨틱한 분위기를 더해, 야외와 실내의 중간쯤 되는 이곳을 신나는 라이브 공연장으로 완성한다.

매주 주말에는 가족 단위 손님들을 위해 '슈퍼 소셜 비비큐(Super Social BBQ)'를 연다. 아이들을 위한 놀이터와 다양한 프로그램이 마련되어있어 반응이 좋다. 음식은 샐러드, 피자, 튀김, 햄버거, 스파게티, 스테이크 등이 준비되어있어 입맛대로 고를 수 있다. 직원들도 아이들을 세심하게 챙겨준다. 아이들이 신나게 노는 동안 어른들은 라이브 공연을 보며 맥주 한 잔의 여유를 즐길 수 있어 가족 모두가 행복한 시간을 보낼 수 있다.

Info

주소 9a lock road gillman barracks 108926
영업시간 월~토 16:00~23:00, 일 12:00~21:00
가격 크리스피 머시룸 파르메산 리소토(Crispy Mushroom Parmesan Risotte) S$17, 베이비 백립(Baby Back Ribs) S$22

1 자연과 어우러져 빈티지한 느낌이 물씬 나는 팀버. **2** 슈퍼 소셜 비비큐가 있는 날에는 어른은 맥주를, 아이는 스무디를 마시며 다함께 즐거운 시간을 보낼 수 있다.

정글 위로 펼쳐진 도심 속 산책로

서던 리지스 Southern Ridges

길먼 배럭스에서 나와 알렉산드라 로드를 보면 아치 모양의 육교, 알렉산드라 아치(Alexandra Arch)가 눈에 띈다. 알렉산드라 아치를 건너 표지판을 따라가면 서던 리지스로 이어진다. 리지는 산등성이를 뜻한다. 서던 리지스는 마운트 파버 공원(Mount Faber Park), 텔록 블랑가 언덕 공원(Telok Blangah Hill Park), 호트 공원(Hort Park), 켄트 리지 공원(Kent Ridge Park), 래브라도 자연보호 구역(Labrador Nature Reserve)을 잇는 산책로로 총 10km에 달한다.

알렉산드라 아치를 건너자마자 나오는 포레스트 워크(Forest Walk)를 따라 50분쯤 걸으면 케이블카 정류장이 있는 파버 피크(Faber Peak)까지 갈 수 있다. 나무줄기가 얽히고설킨 숲 위로 길이 펼쳐져있는데, 길이 워낙 잘 정비되어있어 크게 불편한 신발을 신지만 않았다면 누구든 편하게 걸을 수 있다. 풍경이 아름다워 산책을 좋아하고 시간 여유가 있다면 가볼 만하다. 다만 산책 후 다음 일정에 무리가 될 수 있으므로, 시간이 여의치 않으면 초입을 10여 분 산책하는 것도 좋다.

Info 가는 길 호트 공원 쪽에서 알렉산드라 아치를 건너 포레스트 워크 쪽으로 걸으면 서던 리지스로 들어갈 수 있다.

1 호트 공원과 서던 리지스를 연결하는 알렉산드라 아치. **2** 알렉산드라 아치를 건너면 곧바로 서던 리지스로 이어지는 길이 시작된다.

테마 정원이 꾸며진 싱가포르 조경의 중심

호트 공원 Hort Park

서던 리지스의 일부인 호트 공원은 조경으로 특화된 공원이다. 공원 초입에는 열대 식물과 과일나무들이 울창한 플로럴 워크(Floral Walk)가 있고, 여기를 지나면 전시장이 나온다. 전시장은 천장이 높고 사방이 시원하게 뚫려있어 호트 공원의 전경이 그대로 보인다. 공원의 로비 역할을 하는 곳으로, 조경 관련 행사를 하면 이곳을 중심으로 사람들이 모인다.

호트 공원은 조경의 중심답게 수직 정원(Vertical Greenery), 물고기와 식물을 함께 키우는 아쿠아포닉스 가든(Aquaponics Garden), 먹을 수 있는 채소를 재배하는 에더블 가든(Edible Garden), 버터플라이 가든(Butterfly Garden) 등 아홉 개의 테마 정원이 아기자기하게 꾸며져있다. 한적하고 운치 있는 공원 분위기 때문에 평일 점심시간에는 근처 직장인들이 샌드위치를 포장해 와서 먹으며 휴식을 취하는 모습도 보인다.

두 달에 한 번 토요일 오전에는 '가든스 데이 아웃(Gardeners' Day Out)'이라는 행사가 열린다. 조경 관련 일을 하는 사람들이 모여 시장과 다양한 교육 프로그램을 열고 모임도 갖는다. 이날만큼은 평소와 달리 인파로 북적인다.

Info
주소 33 hyderabad road 119578
개방시간 06:00~22:00
입장료 무료

1 호트 공원 입구. 길게 뻗은 천장의 나무 장식이 개방감을 더한다.
2 호트 공원 안에는 아기자기한 정원이 많다.

Photo **인생사진 남기는 팁스타그램**

앙증맞은 컵케이크는 아웃 포커싱으로

티옹 바루 카페 투어를 하면서 빼놓을 수 없는 것 중의 하나, 바로 앙증맞은 컵케이크 예쁘게 찍기다. 플레인 바닐라에서 매대 위에 줄지어 놓인 컵케이크에 초점을 맞추고 배경을 아웃 포커싱 해 찍는다. 컵케이크가 강조되어 더 먹음직스러워 보이고, 가지런한 배열이 정돈된 느낌을 준다. 스마트폰 카메라는 아웃 포커싱 기능이 좋지 않지만, 피사체에 가까이 다가가면 비슷한 효과를 충분히 살릴 수 있다.

빈티지한 배경에서 무심한 듯 감성적으로

티옹 바루 용 시악 골목의 어린이 서점 우즈 인 더 북스는 다양한 어린이 책과 교육 프로그램으로 입소문이 자자한 곳이다. 서점 안도 아기자기하게 꾸며졌지만, 소박한 외벽이 더 눈길을 끈다. 빈티지한 느낌의 벽화, 민트 빛의 문과 창문 테두리 등이 감성 사진을 찍기에 그만이다. 서점을 들여다보는 뒷모습이나 옆모습 혹은 다른 곳을 응시하는 모습 등 자연스러움이 묻어나는 사진이 잘 어울리는 곳이다.

쏘나타 한 대에 1억이 넘는 나라 

싱가포르에 차가 많다고 해도 우리나라에 비하면 교통체증이 훨씬 덜한 편이다. 정부에서 자동차 수를 철저하게 관리하기 때문이다. 싱가포르에서는 자동차를 사려면 먼저 자동차 등록증을 사야 한다. 무턱대고 자동차부터 덜컥 샀다가는 공식적으로 소유할 수 없어 그림의 떡이 될 수 있다는 얘기다.

자동차 값도 아주 비싸다. 우리나라에서는 쏘나타를 3천만 원대에 살 수 있지만, 싱가포르에서는 무려 1억 원이 넘는다. 사실 자동차 값은 2천만 원 정도로 우리나라와 크게 다르지 않다. 나머지는 놀랍게도 차량등록세 등의 세금이다. 게다가 싱가포르 정부에서 앞으로는 자동차 수를 아예 늘리지 않을 예정이라, 싱가포르에서 내 차를 갖기는 점점 더 쉽지 않을 것 같다.

싱가포르에 처음 오는 사람들은 자동차 값에 놀라 난감해하다가 한국에서 타던 차보다 작은 차로 눈높이를 낮추기도 하고, 중고차를 사려니 선뜻 마음이 내키지 않아 과감하게 차 없는 생활을 선택하기도 한다. 우리 가족은 싱가포르로 이주할 무렵 아이들이 어려서 자동차만큼은 꼭 필요했기에, 집 구할 돈을 아껴 5년 된 쏘나타급 중고 승용차를 4천만 원 정도에 샀다.

싱가포르에서 자동차를 소유하려면 적지 않은 유지비도 감당해야 한다. 백화점에서 물건을 사거나 식사를 해도 주차비 할인이나 면제 같은 혜택이 거의 없고, 피크 타임에 시내를 지나가려면 혼잡세도 내야 한다. 일방통행인 시내에서 헤매는 날엔 여러 번의 통행료를 내야 하므로 길부터 잘 알아두는 것은 필수다.

자동차와 관련해 들인 각종 세금과 주차비, 수리비, 통행료 등의 비용은 지금 생각해도 억 소리 나게 비싸다. 하지만 교통체증 걱정 없이 어디든 다닐 수 있는 도로 환경은 꽉 막힌 우리나라 도로 한복판에서 운전을 할 때마다 참 그립다.

#2

색다른 즐거움과 숨은 보석 찾기

하버프런트 센토사

Habourfront Sentosa

센토사로 들어가면서 거치게 되는 하버프런트는 모노레일 정류장이 있는 비보시티 외에 알려진 곳이 별로 없지만, 센토사 못지않게 다양한 매력을 가진 숨은 보석이다. 바다와 맞닿은 곳에 하나 둘 들어선 고급 콘도는 이 지역에 대한 선호도를 여실히 보여주며, 여기저기 정박된 요트와 근처에서 한가롭게 조깅하는 사람들의 모습은 평화롭기 그지없다.

하버프런트에서 택시로 10분 정도 가면 센토사 전망을 볼 수 있는 파버 피크와 역동적인 물결 모양의 헨더슨 웨이브가 있다. 핸더슨 웨이브는 파도가 넘실대는 모양을 실감나게 표현한 육교로 274m나 쭉 뻗어있다.

푸른 바다, 즐거워 보이는 사람들, 최고의 기술력과 이야기로 감동을 전하는 화려한 쇼, 다양한 즐길 거리…. 센토사에서는 어디든 발길이 이끄는 곳에 몸을 맡기고 온종일 즐겨도 좋다. 나른한 오후 팔라완 해변에서 시원한 맥주를 마시며 내내 게으름을 피워도, 익스트림 스포츠를 즐기거나 테마 파크에서 쉼 없이 시간을 보내도 좋다.

특히 팔라완 해변에는 아시아 대륙 최남단 지점이 있고, 유니버설 스튜디오는 '동남아시아 최초'라는 타이틀을 가진 곳이다. 이곳이 과거 영국과 일본의 지배를 받던 시절에 군사시설과 포로수용소가 있던 곳이라는 것을 지금은 상상하기 힘들다.

하버프런트

Habourfront

추천 코스 도보, 헨더슨 웨이브로 갈 때는 대중교통 이용

비보시티 → 항구 주변 산책 → 프리베 카페 → 헨더슨 웨이브 → 파버 피크 → 아르보라

없는 게 없는 싱가포르 최대의 쇼핑몰

비보시티 Vivocity

하버프런트 역과 바로 연결되어 편리한 싱가포르 최대의 복합 쇼핑몰이다. 무엇을 할지 생각해두지 않으면 어슬렁거리다가 한두 시간이 훌쩍 지나갈 정도로 넓고 없는 게 없다.

비보시티에는 수많은 패션 브랜드와 음식점들이 있다. 3층에는 센토사와 비보시티를 오가는 모노레일 센토사 익스프레스(Sentosa Express) 정류장이 있고, 같은 층 야외 하늘 공원(Sky Park)에는 수영장 네 개만 한 크기에 어른 무릎 정도 깊이의 인공 연못이 있다. 수심이 얕아서 발을 담그고 앉아 더위를 식히는 어른들과 연못 안에서 첨벙거리며 노는 아이들의 모습이 쉽게 눈에 띈다. 해변 쪽으로 가면 센토사 전경도 볼 수 있다. 1~2층에는 유명 백화점 탕스(Tangs)가 있다. 여성들에게 환영받는 여러 화장품 브랜드와 주방 가전제품, 주방용품이 많아 눈길을 사로잡는다.

1층과 지하 1층에 걸친 엄청난 규모의 싱가포르 최대 마트, 페어프라이스 엑스트라(Fair Price Xtra)도 알아두면 좋다. 가격이 비교적 싸서 현지인과 여행자로 늘 붐빈다. 여행 중 필요한 물건을 사도 좋고, 전통적인 인기 선물 품목인 부엉이 커피와 차 코너도 들러볼 만하다.

Info
주소 1 harbourfront walk 098585
영업시간 10:00~22:00

1 비보시티는 싱가포르 최대 쇼핑몰답게 늘 사람들로 북적인다. **2** 하늘 공원의 연못 덕분에 밤에는 멋진 반영 사진을 찍을 수 있다. **3** 비보시티에는 유명 백화점 탕스가 입점해있다.

다양한 비보시티의 맛집들

비보시티가 센토사로 가는 길목에 자리한 데다 하버프런트 여행의 시작점인 만큼 이곳에서의 한 끼 식사는 필수다. 다양한 음식점이 포진해있어 입맛대로 고를 수 있다.

제이미스 이탈리안 Jamie's Italian

제이미 올리버가 운영하는 곳이다. 외식답지 않게 자극적이지 않고 신선한 음식이 강점이다.

가게번호 1층 165~167번 영업시간 월~목 12:00~21:00, 금 12:00~22:00, 토 11:00~22:00, 일 11:00~21:00

가격 점심 코스 S$25 정도(코스에 따라 스타터와 주 요리를 고를 수 있다.), 파스타류 S$20 정도

스시 테이 Sushi Tei

초밥부터 커리, 돈부리, 나베 요리까지 다양한 일식을 맛볼 수 있다. 어떤 메뉴를 골라도 맛이 괜찮은 편이니 메뉴 선정의 부담을 내려놓아도 좋다.

가게번호 2층 152~153번 영업시간 11:30~22:00

가격 돈가스와 우동(Pork Katsu Udon) S$14 정도, 탄 탄 나베(Tan Tan Nabe) 2~3인분 S$26 정도

본가 Bornga · **백스 비빔** Baik's Bibim

백종원의 프랜차이즈 음식점은 싱가포르에서도 열풍을 일으키고 있다. 짧은 여행이지만 한국 음식이 당길 때 괜찮다.

가게번호 본가 2층 123~124번 / 백스 비빔 2층 125번

영업시간 본가 11:30~16:00, 17:00~22:00 / 백스 비빔 10:00~22:00

가격 본가 고기류 1인분 S$20~30 정도, 찌개류 S$10 정도 / 백스 비빔 불고기 비빔밥 · 우삼겹 비빔밥 S$8 정도

타파스 클럽 Tapas club

시원한 맥주 한 잔과 함께 부담스럽지 않은 식사를 즐기기 딱 좋다.

가게번호 1층 98~99번

영업시간 월~목 12:00~23:00, 금 · 토 · 공휴일 전날 11:30~24:00, 일 · 공휴일 11:30~23:00

가격 구운 야채와 버섯(Grilled Vegetables & Mushrooms) S$12.9, 고추볶음(Padron Peppers) S$13.9

푸드 리퍼블릭 Food Republic

다양한 로컬 음식을 한 자리에서 둘러보고 고르고 싶다면 위생적인 실내 호커 센터로 간다.

가게번호 3층 1번
영업시간 일~목 10:00~22:00, 금 · 토 · 공휴일 전날 10:00~22:30
가격 대부분 S$5~10

어플리 초콜릿 Awfully Chocolate

다크 초콜릿 전문 케이크 가게로, 일체의 광고나 현란한 인테리어 없이 맛으로만 승부한다. 다크 초콜릿 본연의 맛을 느낄 수 있다.

가게번호 1층 156번
영업시간 10:00~22:00
가격 초콜릿 케이크 S$8 정도, 초콜릿 타르트 S$7 정도

가스트로노미아 Gastronomia

가스트로노미아는 건강한 식재료로 만들어진 음식을 제공하는 미식 부티크다. 홈메이드 파스타, 샐러드, 다양한 페스츄리, 샌드위치, 젤라토 그리고 커피까지 다양한 메뉴를 선보이고 있다.

가게번호 1층 108번
영업시간 10:00~22:00
가격 크로와상(Plain Croissant) S$ 3.6, 까르보나라(Carbonara)S$ 16.8

아르티 Artea

고급스러운 조화와 흰색 벽이 어우러져 카페 내부가 갤러리나 패션쇼 무대를 연상케 한다. 투명한 컵에 담겨 나오는 색색의 음료와 예쁜 케이크도 눈을 즐겁게 한다.

가게번호 1층 100번 영업시간 11:00~22:00
가격 오리지널 티라미수(Original Tiramisu) S$ 8.8, 망고 밀크쉐이크(Fresh Mango Milkshake) S$ 6.8

그림 같은 풍경 속의 산책

항구 주변

하버프런트 역 B번 출구로 나와 6~7분 직진한 뒤, 케펠 섬(Keppel Island) 표지판이 보이면 케펠 베이 드라이브(Keppel Bay Dr)로 좌회전한다. 조금 걸으면 인파로 북적이는 비보시티와 하버프런트 역의 정신없는 분위기는 온 데 간 데 없이 사라지고, 한적하고 그림 같은 풍경을 만나게 된다.

해안선을 따라 산책하면 먼저 비보시티와 센토사를 잇는 케이블카가 눈에 띈다. 멀리 보이는 센토사, 요트가 가지런히 정박된 모습은 마치 풍경화 같다. 아름다운 곡선 디자인으로 명물이 된 리플렉션 콘도(Reflection Condo)는 하버프런트의 멋진 경치에 정점을 찍는다.

케펠 베이 드라이브를 걷다 보면 케펠 섬과 본토를 잇는 케펠 베이 다리(Keppel Bay Bridge)가 보인다. 운이 좋으면 크루즈 터미널에 잠시 대기 중인 크루즈를 볼 수도 있다.

Tip 다른 곳으로 옮기려면 번거롭더라도 하버프런트 역으로 되돌아가 대중교통이나 택시를 이용하는 것이 좋다. 우버 택시 앱을 이용해 케펠 베이 드라이브로 택시를 불렀다가, 기사가 위치를 잘 찾지 못해 고생했던 경험이 있다.

Info 주소 keppel bay drive 098017

1 케펠 섬과 본토를 잇는 케펠 베이 다리. 2 휴식을 마치고 다시 떠나는 크루즈.

최고의 전망과 함께 즐기는 브런치

프리베 카페 Prive Cafe

케펠 베이 다리 건너 작은 케펠 섬에 있는 프리베 카페는 하버프런트 전망을 즐기기에 최고의 장소다. 카페 밖으로 보이는 푸른 바다, 정박된 요트, 한층 가깝게 보이는 리플렉션 콘도가 어우러진 풍경은 절로 카메라 셔터를 누르게 만든다. 카페 근처 어디에서 사진을 찍어도 멋진 사진을 남길 수 있으니 인증 샷은 필수다.

프리베 카페는 브런치를 즐기려는 사람들이 많아 주말에 더 북적인다. 야외에 유아들을 위한 간단한 놀이시설과 작은 그네가 준비되어있어 가족 단위 손님도 꽤 있다. 야외 좌석은 테이블 간격도 넓은 편이어서 유아를 동반한 부모들은 주로 놀이시설이 있는 야외 좌석에 앉는다.

음식은 팬케이크, 생선튀김, 파스타, 햄버거, 피자, 샌드위치 등 브런치로 익숙한 메뉴들과 스테이크가 준비되어있다. 맛은 전반적으로 무난한 편이다. 하버프런트를 산책하지 않고 프리베 카페로 바로 가고 싶다면 하버프런트 역에서 택시를 타는 것이 좋다.

Info

주소 2 keppel bay vista 098382

영업시간 월~금 9:00~24:00, 토 · 일 · 공휴일 08:00~24:00

가격 홈스타일 팬케이크(Homestyle Pancake) S$13, 클래식 와규 비프 버거(Classic Wagyu Beef Burger) S$19

1 브런치 메뉴로 인기 있는 홈스타일 팬케이크. 2 프리베 카페에는 야외 좌석이 넉넉해 아이를 데려온 가족 손님이 많다.

1

2

싱가포르에서 가장 높고 우아한 육교

헨더슨 웨이브 Henderson Waves

지상 36m 위에 274m 길이로 아찔하게 자리 잡은 헨더슨 웨이브는 싱가포르에서 가장 높은 육교다. 육교의 크기나 높이도 화제지만, 육교를 둘러싼 물결 모양의 디자인은 헨더슨 웨이브를 한층 특별하게 만든다. 바닥에 전체적으로 짙은 색 나무가 깔려있어 안정적이고 고급스럽다.

이곳에서는 조깅을 위해 총총걸음으로 오가거나 육교 한편에 등을 기대어 쉬는 사람들을 쉽게 볼 수 있다. 대표적인 산책로인 서던 리지스에 속하기 때문이다.

헨더슨 웨이브는 택시를 타고 가야 해서 접근성은 좀 떨어지지만, 그럼에도 가볼 만한 가치가 충분하다. 해 지기 전에 도착해서 육교 위를 잠시 걸은 뒤, 석양에 물들어 아름답게 일렁이는 곡선과 주변 자연을 감상하면 좋다.

Tip 조명으로 빛나는 헨더슨 웨이브의 야경도 멋지다. 조명이 켜져있는 시간은 오후 7시부터 다음 날 아침 7시까지다.

Info 주소 henderson road southern ridges bukit merah 159557

가는 길 택시를 타고 헨더슨 웨이브에 가자고 하면 헨더슨 웨이브에서 가장 가까운 산중턱 공원 주차장에 세워준다. 여기서 육교까지 걸어서 10분 걸린다. 124, 131, 145, 176, 273번 버스도 이용 가능하다. Bef Telok Blangah Hts 버스 정류장 옆 계단을 이용하면 육교에 금세 도착할 수 있다.

1 헨더슨 웨이브의 모습은 해가 지면서 시시각각 변한다. **2** 헨더슨 웨이브를 조금 멀리서 바라보면 웅장한 물결 모양이 뚜렷하게 보인다.

1

2

기막힌 풍경을 감상하며 센토사로 가는 법

싱가포르 케이블카 Singapore Cable Car

헨더슨 웨이브에서 10분 정도 올라가면 파버 산 정상에 이르고, 케이블카 정류장, 음식점, 상점, 결혼식장 등이 들어선 복합 공간 파버 피크(Faber Peak)가 나온다. 그곳에 싱가포르 케이블카 마운트 파버 노선의 첫 번째 정류장, 마운트 파버 스테이션(Mount Faber Station)이 있다.

도보, 자동차, 모노레일 등 다양한 방법으로 센토사에 갈 수 있지만, 케이블카는 아름다운 풍경을 천천히 감상하며 갈 수 있어 다른 교통수단과는 또 다른 매력이 있다. 센토사 전경은 물론 워터 파크, 고가의 풀 빌라 단지인 비치 빌라(Beach Villa), 정박해있는 크루즈도 볼 수 있어 가는 동안 두

• 싱가포르 케이블카 노선

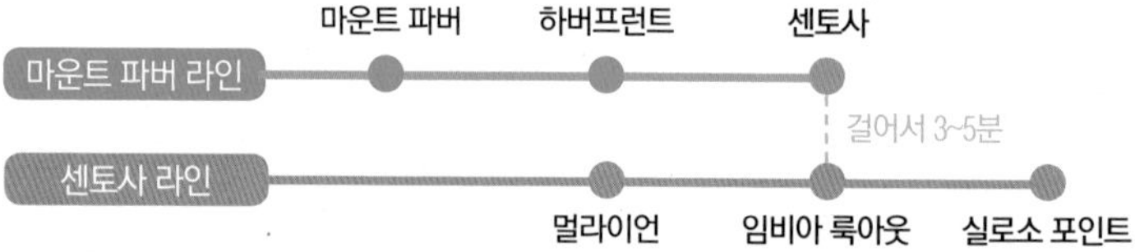

Tip 헨더슨 웨이브에서 파버 피크로 올라가는 길에 왼쪽으로 보이는 시내 전망이 의외로 화려하다. 파버 피크에서는 화장실에 꼭 들러본다. 전면이 통유리로 되어있어 화장실에서조차 멋진 풍경을 감상할 수 있다. 센토사에서 돌아올 때 하버프런트 역에서 내리면 대중교통을 이용하기 쉽다.

Info
주소 109 mount faber road faber peak 099203
영업시간 08:45~22:00(마지막 탑승 21:30, 탑승권 판매 마감 21:15)
탑승료 마운트 파버 노선 어른 S$33, 아이 S$22(할인 티켓은 P.266 참고)

눈과 사진 찍는 손이 무척 바쁘다. 바닥이 유리로 되어있어 처음엔 살짝 겁이 날 수 있는데, 막상 타보면 크게 무섭지 않다.

싱가포르 케이블카는 왕복 30분이 걸리는 마운트 파버 라인과 왕복 15분이 걸리는 센토사 라인 두 개 노선이 운행된다.

1 케이블카를 타는 동안 운이 좋으면 터미널에 대기 중인 크루즈를 볼 수 있다.

2 케이블카에서 본 비치 빌라. 개인 풀을 갖추고 있는 고급 빌라다.

센토사 전망, 시원한 바닷바람 그리고 맛있는 식사가 있는 힐탑음식점

아르보라 Arbora

아르보라는 파버 피크와 센토사를 잇는 케이블카와 푸른 바다를 바라보며 식사할 수 있는 곳이다. 해발 100m 위에 위치한 음식점인 만큼 모든 테이블에서 센토사 전망을 볼 수 있는데 탁 트인 개방감이 일품이다. 시원한 바닷바람을 맞으며 밖을 내다보고 있으면 막힌 속이 뻥 뚫리는 느낌마저 든다. 멋진 전망은 낮에도 밤에도 무한 매력을 발산한다.

샐러드부터 가벼운 스낵, 파스타, 스테이크, 수제 맥주까지 약 40가지 메뉴가 준비되어 있고 키즈메뉴도 준비되어 있다. 음식 맛은 무난하며, 와인과 칵테일 등 음료만 주문해도 돼 꼭 식사를 하지 않아도 괜찮다. 저녁 시간이 아니면 예약 없이도 들어갈 수 있고, 한쪽에 잉어들이 뛰노는 인공 호수와 행운의 종이 있어 음식을 기다리며 휴식을 취하기에도 공간이 여유로워 좋다. 영문 아르보라 간판과 세로정원을 배경으로 사진도 한 장 남겨보자. 푸른 나뭇잎으로 꽉 채워진 멋진 배경 덕분에 인스타그램용 인증샷으로 손색이 없다.

Info
주소 109 mount faber road faber peak 099203
영업시간 월~토 11:00~23:00 일 10:30~23:00
가격 비프 볼로네제(Beef Bolonese) S$18, 멕시칸 립스(Mexican Ribs) S$28

1 탁 트인 개방감이 인상적인 아르보라 전경 **2·3** 아르보라의 인기 메뉴 시저 샐러드와 비프 볼로네제

센토사

Sentosa

추천 코스 1 도보

유니버설 스튜디오 → 말레이시아 푸드 스트리트 → 시 아쿠아리움 → 칠리스 → 크레인 댄스 관람

추천 코스 2 모노레일, 비치트램, 셔틀버스 이용

딘타이펑 → 팔라완 해변과 아시아 대륙 최남단 지점 → 루지 또는 아이플라이 → 웨이브 하우스 → 메가지프 어드벤처 → 윙즈 오브 타임 관람

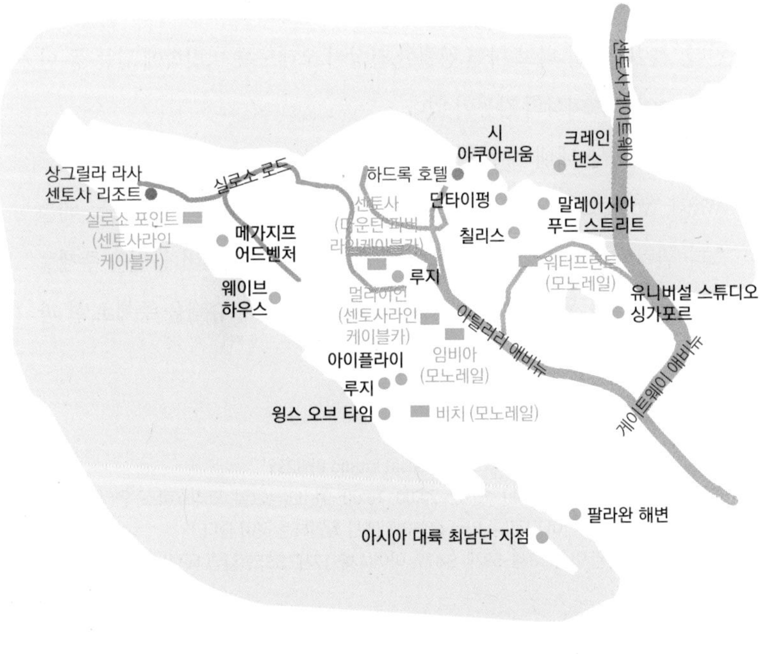

아시아 최고의 놀이공원

유니버설 스튜디오 싱가포르 Universal Studio Singapore

유니버설 스튜디오 싱가포르는 2017년 '트립 어드바이저 트래블러스 초이스' 부문에서 아시아 최고의 놀이공원으로 선정되었다. 사실 아시아에 쟁쟁한 놀이공원은 많다. 유니버설 스튜디오 싱가포르는 센토사 안에 있어 접근성이 좋은 데다 영어를 쓴다는 점 때문에 여행자들로부터 좋은 평가를 받았다. 오전 중에 도착하면 하루 안에 모든 놀이기구를 탈 수 있다는 것도 장점으로 꼽힌다.

이곳에서 꼭 타야 할 놀이기구는 뭐니 뭐니 해도 트랜스포머 더 라이드(Transformers the Ride)와 리벤지 오브 더 머미(Revenge of the Mummy)다. 사람의 감각을 최대한 끌어내 마치 영화 속에 들어온 것 같은 착각을 일으킨다. 놀이기구를 타고 나면 강렬한 잔상이 오래도록 머릿속에 남는 등 단순한 놀이기구 이상의 감동이 있다.

그 밖에도 공연 내내 배우들의 액션이 박진감 넘치게 펼쳐지는 워터 월드(Water World) 쇼, 두 개의 롤러코스터가 대결하듯 동시에 출발하는 배틀스타 갤럭티카(Battlestar Galactica)도 필수 코스다. 쥐라기 공원을 주제로 만든 더 로스트 월드 에어리어(The Lost World Area), 슈렉을 주제로 한 파

Info
주소 Singapore 8 gateway universal studio 098269
영업시간 10:00~18:00, 10:00~20:00, 10:00~21:00(금요일, 크리스마스, 연말 등 날에 따라 폐장 시간이 다르다. 미리 홈페이지에서 확인하는 것이 좋다.)
가격 1일권 어른(13세~59세) S$79, 아이(4세~12세) S$59(할인 티켓은 P.17 참고)

파 어웨이 에어리어(Far Far Away Area), 마다가스카 에어리어(Madagascar Area) 등 영화와 함께 만나는 놀이기구까지 경험한다면 신나는 하루를 보낼 수 있다.

시기별로 다양한 퍼레이드와 이벤트가 펼쳐지므로, 정문에 배치된 직원들에게 묻거나 홈페이지에서 알아보고 들어가면 더 알차게 즐길 수 있다.

1 크리스마스를 앞둔 유니버설 스튜디오의 풍경. 2 최고 인기 어트랙션 중 하나인 트랜스포머 더 라이드.

거대한 수조 속에서 펼쳐지는 환상의 세계

시 아쿠아리움 S. E. A.(South East Asia) Aquarium

800종, 10만여 마리의 바다 생물을 볼 수 있는 동남아시아 최대 규모의 수족관이다. 싱가포르 근해는 물론 먼 바다까지 바다 속 생태계를 그대로 재현했다. 가로 36m, 세로 8.3m의 통유리 수조 속에서 2,400kg에 달하는 거대한 만타가오리와 머리 모양이 망치를 닮은 망치상어 그리고 작은 물고기 떼가 함께 유유히 헤엄친다. 어둠 속에서 해파리들이 고요하게 유영하는 모습도 인상적이다. 거대한 수조와 바다 생물이 관람객을 압도하는 데다 몽환적인 음악도 흘러나와, 일부 관람객들은 아예 바닥에 앉아 한참을 넋 놓고 바라보는 진풍경을 연출하기도 한다.

해양체험 박물관(Maritime Experiential Museum)과 타이푼 시어터(Typhoon Theater)도 볼 만하다. 해양체험 박물관은 열다섯 개의 주제별 갤러리를 통해 과거 화려했던 해상무역의 역사를 보여준다. 실크 로드가 번성했을

Tip 시 아쿠아리움에는 오션 드림스(Ocean Dreams)라는 1박 프로그램이 있다. 수족관 폐장 이후인 저녁 7시부터 다음 날 아침 10시까지로, 한 달에 한 번 진행한다. 가격은 어른 S$158, 아이(6살~12살) S$138이며, 수족관 관람료와 두 끼의 식사, 간식, 침낭, 전담 가이드 비용 등이 포함된다. 1박 2일간 전담 직원의 상세한 설명을 들으면서 일반 입장권으로는 갈 수 없는 수족관 구석구석을 둘러볼 수 있다. 싱가포르의 물가를 고려하면 비싸지 않은 편이다.

Info
주소 8 sentosa gateway S.E.A aquarium 098269
영업시간 10:00~17:30, 10:00~18:00, 10:00~19:00(금요일, 크리스마스, 연말 등 날에 따라 폐장 시간이 다르다. 미리 홈페이지에서 확인하는 것이 좋다.)
입장료 어른(13세~59세) S$40, 아이(4세~12세) S$29(할인 티켓은 P.17 참고)

당시 항구 주변의 모습을 생생하게 재현하고, 그 시절의 배 모형도 제작해 볼거리를 더했다.

타이푼 시어터에 들어서면 먼저 항해하던 무역선이 침몰하는 내용의 영화가 360도 멀티미디어 대극장에서 실감나게 펼쳐진다. 영화가 끝나면 곧바로 문이 열리고 영화 속 난파선의 잔해와 보물을 그대로 재현한 모습이 나타나는데, 영화와 자연스럽게 이어져 보고 있는 광경이 현실인지 영화인지 헷갈릴 정도다. 타이푼 시어터에 들어가려면 수족관 입장료와 별개로 요금을 또 내야 하지만 꼭 들어가기를 추천한다.

난파선의 잔해와 보물을 재현한 대형 수족관.

알차고 실속 있는 말레이시아의 맛

말레이시아 푸드 스트리트 Malaysian Food Street

예전의 말레이시아 거리를 실감나게 재현한 호커 센터로 에어컨 시설이 잘 되어있어 간단히 식사하기 좋다. 닭고기와 밥을 우리 입맛에 잘 맞는 소스에 푹 익혀 따뜻한 솥에 담아내는 클레이포트 치킨라이스(Claypot Chicken Rice), 돼지고기와 해산물로 맛을 낸 국수 호켄 미(Hokkien Mee), 우리나라의 갈비탕이 연상되지만 후추 맛이 더 강한 바쿠테(Bak Kut The) 등 말레이시아의 대표 음식과 다양한 아시아 음식을 판다.

말레이시아 푸드 스트리트는 특별히 맛있는 음식을 찾아 간다기보다 알뜰하고 푸짐하게 한 끼를 먹는다는 생각으로 가면 딱 맞다. 일반 호커 센터보다는 조금 비싸지만, 센토사 안에 있다는 점을 감안하면 괜찮은 가격이다. 센토사는 입장료가 꽤 들기 때문에 부담 없이 한 끼 식사를 할 수 있는 이곳이 인기다.

Info

주소 8 sentosa gateway malaysian food street 098269(유니버설 스튜디오 옆)
영업시간 월 · 화 · 목 11:00~21:00, 금 · 토 · 일 · 공휴일 11:00~22:00, 수요일 휴무
가격 허벌 바쿠테(Herbal Bak Kut The) S$9, 새우 호켄 미(Hokkien Prawn Mee) S$8

Plus

맛과 가격이 무난한 프랜차이즈 음식점
말레이시아 푸드 스트리트 근처에 미국식 그릴 요리를 파는 칠리스(Chili's)와 중국 음식점 체인인 딘타이펑(Din Tai Fung)이 있다. 두 곳 모두 맛과 가격, 서비스가 무난하다.
주소 칠리스 26 sentosa gateway #01-72/73/74 098138
딘타이펑 26 sentosa gateway #01-217 098138

1 과거 말레이시아의 거리를 재현한 푸드 스트리트. 2 말레이시아 푸드 스트리트는 유니버설 스튜디오 바로 옆에 있다. 3 해산물과 채소가 어우러진 팟타이.

거대한 두 마리 학의 화려한 몸짓

크레인 댄스 Crane Dance

시 아쿠아리움 근처에 있는 특설 무대에서는 매일 저녁 쇼가 펼쳐진다. 거대한 두 마리 학이 펼치는 사랑의 대화다. 쇼는 두 마리의 학이 각자 움직이다가 애틋한 사랑의 몸짓을 교환하고 마지막에 함께 앞을 바라보며 끝난다. 철골과 모니터로 만들어진 학의 몸짓이 둔해 보일 수도 있는데, 학의 움직임에 맞춰 펼쳐지는 모니터의 아름다운 영상과 조명, 음악, 분수 등이 어우러져 큰 감동을 만든다. 피날레를 장식하는 불꽃놀이는 감탄사가 절로 나올 정도로 화려하고 극적이다.
무료라서 시작할 때가 되면 인파가 몰린다. 앉아서 보려면 적어도 15분 전에는 도착해 자리를 확보하는 것이 좋다. 하지만 학이 워낙 커서 뒤에서 봐도 충분하다.

Tip 사정이 있어 쇼를 하지 않는 날도 있다. 미리 홈페이지에서 확인하는 것이 좋다.

Info
공연장소 시 아쿠아리움 근처 특설 무대
공연시간 20:00~20:15
관람료 무료

1

1·2 매일 저녁 거대한 두 마리 학이 영상, 조명, 분수, 음악과 함께 화려한 쇼를 펼친다.

2

첫 서핑이라면 안전한 인공 서핑장에서

웨이브 하우스 Wave House

실로소 해변(Siloso Beach)에 아시아 최초의 인공 서핑장, 웨이브 하우스가 있다. 익스트림 스포츠에 관심이 없거나 겁이 많아 엄두를 내지 못하는 사람도 둘러보고 나면 '나도 한번 해볼까' 하는 생각이 들 정도로 안전하고 완벽한 서핑시설을 갖추고 있다.

서핑을 처음 접하는 사람의 경우, 키가 107cm 이상이면 초보 코스인 더블 플로우 라이더(The Double Flow Rider)에서 기본기를 배울 수 있다. 보드에 엎드려 중심을 잡고 파도를 타는 기본기를 익히면, 트램펄린을 타는 것처럼 안전하게 서핑의 재미를 느낄 수 있다. 파도가 꺾이지 않아 긴장감 없이 즐겁게 탈 수 있다는 점이 더블 플로우 라이더의 장점이다.

좀 더 다이내믹한 코스를 원한다면 플로우 배럴(The Flow Barrel)로 간다.

Info

주소 36 siloso beach walk 099007

가는 길 웨이브 하우스와 비치 역(Beach Station)을 오가는 소형 자동차 버기(Buggy)를 이용하면 편리하다. 비치 역 주차장 하겐다즈 매장 옆에 있으며, 운행시간은 월~금 11:30~21:30, 토 · 일 · 공휴일 10:30~21:30이다.

강습료 더블 플로우 라이더 주중 1시간 S$35, 개인 강습 S$350
주말 1시간 S$40, 개인 강습 S$400
플로우 배럴 30분 S$30, 개인 강습 S$180

Plus

메가지프 어드벤처 Megazip Adventure

75m 높이에서 시속 60km의 속도로 450m를 시원하게 가로지르는 짜릿함이 그만이다. 줄을 타고 내려오는 내내 눈앞에 펼쳐지는 실로소 해변이 장관이다.

주소 10a siloso beach walk 099008

엄청난 양의 물이 시속 48km의 속도로 쏟아져 나오는 코스로, 보드 위에 서있는 자세가 가능해야 이용할 수 있다.

현장 등록을 마치고 나서 기본 한 시간 간격으로 있는 강습을 받을 수 있다. 바, 음식점, 간단한 놀이시설 등이 갖추어져있어 생일파티 등 개인 이벤트를 위한 예약도 가능하다.

1 전문가와 함께 안전하게 서핑을 즐길 수 있는 웨이브 하우스. **2** 웨이브 하우스는 실로소 해변 근처에 있다.

상상을 뛰어넘는 환상 쇼

윙즈 오브 타임 Wings of Time

크레인 댄스보다 더 색다른 볼거리를 찾는다면 윙즈 오브 타임을 추천한다. 신비로운 선사시대의 새 샤바즈가 모험심 강한 소녀 레이첼과 소심한 소년 펠릭스를 만나 시공간을 초월한 세계 여행을 한다는 내용의 쇼다.
샤바즈 일행은 영국의 산업혁명 현장, 실크 로드, 피라미드, 바다 속 세상, 아프리카의 대초원 사바나 등을 함께 여행하면서 용기를 얻고 우정을 다지며 새로운 세상을 만난다. 여행 중에 만나는 아름답고 신비로운 풍경들을 거대한 영상과 분수, 레이저, 불꽃놀이, 음악으로 표현하는데, 상상을 뛰어넘는 20여 분의 환상 쇼가 크레인 댄스와 또 다른 감동을 준다.
윙즈 오브 타임은 25년 역사의 쇼 전문 제작사인 프랑스 ECA2의 작품이다. 이 업체는 우리나라 행사의 쇼를 제작하기도 했다.

Info

주소 beach view 098604
가는 길 센토사 익스프레스(모노레일)를 타고 비치 역에서 내리면 윙즈 오브 타임 전용 야외극장 표지판이 보인다.
공연시간 19:40, 20:40
관람료 스탠더드 좌석 S$18, 프리미엄 좌석 S$23(할인 티켓은 P.266 참고)

1 신비롭고 화려한 쇼의 피날레. 2 윙즈 오브 타임 극장 앞의 대형 표지판.

자연에서 즐기는 스릴 넘치는 질주

루지 Luge

루지는 남녀노소 편안하게 즐기기 좋은 놀이기구다. 이곳의 슬로건 '한 번으로는 결코 충분하지 않다(Once is never enough)'처럼 두 번 이상 타기를 추천한다. 드래곤 트레일(Dragon Trail)과 정글 트레일(Jungle Trail) 모두 700m가 채 되지 않아 길지는 않지만, 자연 속의 스릴 넘치는 질주는 기분 전환에 충분하다.

루지 탑승장으로 올라가려면 리프트와 비슷한 스카이라이드(Skyride)를 7분 정도 타고 간다. 가는 동안 센토사 근처에 머물고 있는 많은 유조선, 다양한 선박과 어우러진 남중국해를 볼 수 있는데, 예상치 못한 멋진 전망에 입이 벌어진다. 특히 해가 지고 윙즈 오브 타임 쇼를 하는 시간에 스카이라이드를 타면 환상적인 쇼와 불꽃놀이를 볼 수 있어 아주 로맨틱하다.

루지를 타는 곳 입구는 임비아(Imbiah)와 실로소 비치(Siloso Beach) 두 군데가 있다. 임비아로 들어가면 루지를 타고 내려와서 스카이라이드를 타고, 실로소 비치로 들어가면 스카이라이드를 타고 올라가서 루지를 탄다.

Info
주소 45 siloso beach walk 099003
가는 길 실로소 비치 입구는 비치 역(Beach Station) 근처, 임비아 입구는 임비아 역(Imbiah Station) 근처에 있다.
영업시간 10:00~21:30
탑승료 4회 S$29(할인 티켓은 P.17 참고)

Plus
아이플라이 iFly
실내에서 즐기는 스카이다이빙이다. 강력한 인공 바람으로 몸을 띄워 실제 스카이다이빙과 비슷한 기분이 난다. 날아오르는 동안 유리창으로 바다를 볼 수 있어 더 재미있다.
주소 43 siloso beach walk #01-01 099010

1 루지는 온 가족이 속도감을 안전하게 즐길 수 있어 센토사 최고의 놀이기구로 손꼽힌다. **2** 도장이 찍힌 손등 사진을 인증샷으로 남기는 것도 하나의 재미다.

푸른 바다와 이국적인 정취가 돋보이는 곳

팔라완 해변과 아시아 대륙 최남단 지점

Palawan Beach & Southernmost Point of Asia

팔라완 해변은 호젓하게 해수욕을 즐길 수 있는 곳으로, 수심이 깊지 않아 안전하고 야자수가 우거져 휴양지 분위기가 물씬 난다. 주말에는 싱가포르 젊은이들이 어울려 운동을 하거나 한가로이 소풍을 즐기는 모습을 쉽게 볼 수 있다.

폭이 좁고 긴 흔들다리를 건너면 아시아 대륙 최남단 지점에 닿는다. 이곳은 아시아에서 적도가 가장 가까운 곳이기도 하다. '아시아 대륙 최남단 지점' 표지판 바로 옆에 있는 3~4층 높이의 전망대에 올라가면 팔라완 해변에서 수영을 즐기는 사람들의 모습과 끝없이 펼쳐진 남중국해가 보인다. 푸른 바다와 흔들다리가 어우러진 경치가 아름답다. 바닷바람이 시원하고 그늘져 있어 잠시 더위를 식히기도 좋다. 전망대 바로 밑에는 고운 모래가 수북이 쌓여있어 놀기도 좋다.

Info

가는 길 비치 역 환승 허브(Transfer hub)에서 비치트램이나 버스 B를 타고 팔라완 비치(Palawan Beach) 역에서 내린다.

개방시간 통제하는 시간은 없지만, 밤에는 안전을 위해 수영을 금지한다.

1 아시아 대륙 최남단 지점을 알리는 표지판. 2 센토사 본토와 아시아 대륙 최남단 지점을 잇는 흔들다리.

Photo 인생사진 남기는 팁스타그램

낮에는 시원한 풍경을, 밤에는 낭만적인 석양을

케펠 베이 다리 주변은 아름다운 건축물과 고급 요트가 단정하게 자리한 데다 한산하기까지 해 풍경 사진을 찍기에 최적의 장소다. 오른쪽에 리플렉션 콘도를 두고 안정감 있게 찍거나 가지런히 정박 중인 요트들과 멀리 보이는 수평선을 함께 담으면 멋진 풍경 사진을 얻을 수 있다. 이때 다리의 환한 가로등 불빛이 직접 들어가면 사진이 흐려질 수 있으니 주의해야 한다. 해질 무렵에 가면 시시각각 바뀌는 하버프런트의 낭만적인 석양빛을, 낮에 가면 새파란 하늘과 하얀 요트가 어우러진 시원한 풍경을 담을 수 있다.

일렁이는 파도의 생동감 vs 넓고 쭉 뻗은 광활함

독특한 디자인으로 시선을 사로잡는 헨더슨 웨이브는 사진을 어떻게 찍느냐에 따라 느낌이 굉장히 다르다. 맨 끝에서 육교 바깥쪽을 찍으면 곡선이 역동적으로 표현되어 마치 파도가 일렁이는 것처럼 생동감 있고 아름답다. 반대로 안쪽에서 구도를 잡으면 육교가 더 넓고 길어 보여 시원하고 광활한 느낌을 표현할 수 있다.

싱가포르에서 이사하기

우리나라는 이사할 때 포장이사업체만 잘 고르면 이사 당일 짐을 옮기는 문제 외에 크게 신경 쓸 일이 없다. 싱가포르에는 사는 내내 신경을 곤두서게 하는 이사 문화가 있다. 바로 이사 갈 때 집주인과 해결해야 하는 하자보수 처리와 청소다. 쉽게 말해 짐을 다 빼고 나서 집주인 혹은 집주인이 지정한 부동산 에이전트로부터 집이 상한 곳은 없는지 청소는 제대로 하고 나가는지 꼼꼼하게 확인받는 절차다. 그 기준이 한국과는 비교도 안 되게 철저해 수없이 많은 무용담이 싱가포르 한인 커뮤니티에서나 소문으로 떠돈다.

예를 들어 도배 문화가 없는 싱가포르는 대개 온 집 안이 흰색 페인트로 칠해져있는데, 못 자국이 나거나 긁히면 말끔히 없애야 한다. 청소 상태도 평소 수준을 생각하면 안 된다. 일체의 찌든 때와 곰팡이를 싹 제거해야 한다.

상황이 그렇다보니 많은 사람들이 수십만 원을 들여 전문 청소업체를 이용한다. 돈을 아껴보겠다고 흰색 페인트를 사다가 때가 묻거나 흠집이 난 곳만 쓱쓱 칠했다가는 낭패를 볼 수도 있다. 흰색도 다 같은 흰색이 아니라서 오히려 얼룩진 것처럼 보여 주인한테 전체를 새로 칠해 달라는 절망적인 이야기를 들을 수도 있다. 바닥이 대리석이면 특히 주의해야 한다. 산성 물질과 만나면 색이 얼룩진 것처럼 금세 변하기 때문에 주스를 엎는 실수라도 했다가는 재앙이나 다름없다. 나 또한 살면서 하자가 생기면 그때그때 단지 내 하자보수업체를 이용해 되돌려놓았다. 그렇게 신경 쓰며 살았어도 이런 저런 이유로 20여만 원이 보증금에서 차감되었고, 남편과 나는 이 정도면 선방했다며 서로를 위로했다.

싱가포르의 이사 문화는 다소 지나친 부분이 있어 넌더리가 날 정도다. 반면 우리나라는 살던 사람이 떠난 자리가 너무 엉망인 경우가 많다. 싱가포르와 한국의 이사 문화가 딱 절반씩 섞이면 좋겠다는 생각이 든다.

#3

먹고, 마시고, 쇼핑하라

오차드
뎀시 힐
리버사이드

Orchard
Dempsey Hill
Riverside

오차드는 20개가 넘는 화려한 쇼핑몰들이 끝도 없이 펼쳐진 쇼핑 거리다. 어디에 무엇이 있는지 미리 알아보고 움직이는 편이 좋다. 동남아시아 최초의 애플스토어, 싱가포르 최대 서점 기노쿠니야, 독특한 디자인의 오차드 도서관, 싱가포르 비지터 센터 등도 눈여겨볼 만하다.

대표 쇼핑몰인 아이온과 니 안 시티가 오차드 역 근처에 있기 때문에 오차드 역(Orchard MRT)에서 서머셋 역(Somerset MRT) 쪽으로 가면서 보는 게 편하다. 횡단보도가 많지 않으니 반대편으로 가려면 쇼핑몰의 지하 연결 통로로 건넌다.

뎀시 힐은 오차드와는 완전히 다른 전원의 분위기다. 2차 세계대전 당시 싱가포르를 점령한 영국군의 막사가 있었던 이곳은 현재 개성 있는 카페, 바, 음식점들이 모여 트렌드세터들이 사랑하는 아지트로 탈바꿈했다. 건물들이 낡고 전철역도 가깝지 않지만, 빈티지하고 감각적인 분위기 때문에 늘 많은 사람들로 북적인다.

뎀시 힐은 오차드에서 멀지 않지만 대중교통으로 가기에 불편하다. 오차드와 뎀시 힐을 오가는 셔틀버스를 이용하면 편하다.

오차드 ⇄ 뎀시 힐 셔틀버스 시간표

강에는 유람선이 다니고 노천 펍들과 음식점들이 즐비해 선선한 강바람과 함께 시원한 맥주 한잔을 할 수 있는 곳, 리버사이드도 싱가포르 여행에서 빼놓을 수 없는 곳이다. 싱가포르 강변 3km에 걸쳐 들어선 보트 키(Boat Quay), 클라크 키(Clarke Quay), 로버슨 키(Robertson Quay)가 각기 다른 모습으로 매력을 발산한다. 보트 키에서 시작된 노천 펍과 음식점의 행렬은 클라크 키에서 절정을 이루고, 고급 아파트들이 있는 로버슨 키에 이르면 차분한 분위기의 바와 카페가 펼쳐진다.

WISMA
PRADA

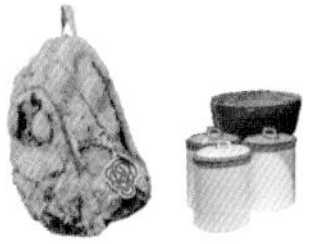

오차드
Orchard

추천 코스 도보, 아이온으로 갈 때는 대중교통 이용

로즈 베란다 > 아이온 > 위즈마 아트리아 > 니 안 시티 > 313 서머셋 > 쥬 키트

*로즈 베란다는 미리 예약하는 것이 좋다.

화장품 덕후들의 성지

세포라 Sephora

40년이 넘는 역사를 가진 프랑스의 화장품 유통사, 세포라. 세포라 매장은 화장품 마니아에게는 놀이터 같은 곳이다. 싱가포르 외에도 해외 곳곳에 진출했지만 아쉽게도 한국에는 입점하지 않아 한국 여행자들이 한 번씩 들른다. 제품이 워낙 다양해서 구경하는 재미가 쏠쏠하다.
다만 독특한 디자인이나 사용 방식, 우리나라에서 보기 어려운 색감에 혹해 덜컥 샀다가는 부담스러운 피부 표현이나 지나친 발색 때문에 얼마 쓰지 못하고 화장대 안에 잠재울 수도 있다. 한국에서는 만날 수 없지만 실용적인 품목을 고르는 지혜가 필요하다.
우리나라 여성들에게 잘 맞으면서 다양한 색과 사랑스러운 하트 모양 팔레트로 시선을 끄는 투 페이스드(Too Faced) 섀도, 명품 브랜드의 명성을 업고 화장품 시장에서도 선전하고 있는 마크 제이콥스(Marc Jacobs) 제품, 테스트해보면 부드러운 질감에 반하지 않을 수 없는 스매시박스 포토 피니시 파운데이션 프라이머(Smashbox Photo Finish Foundation Primer), 알찬 구성으로 무장한 세포라 자체 제작 상품 등이 눈에 띈다.

Info
주소 2 orchard turn ION #b2-09 238801
영업시간 10:00~22:00
가격 투 페이스드 러브 플러시(Love Flush) S$40, 마크 제이콥스 키스 팝 립 컬러 스틱(Kiss Pop Lip Color Stick) S$20

1 세계적인 화장품 유통사인 세포라 매장. 2 투 페이스드 새도. 하트 모양 팔레트가 사랑스럽다. 3 마크 제이콥스 립스틱. 세련된 제품 디자인이 눈길을 끈다.

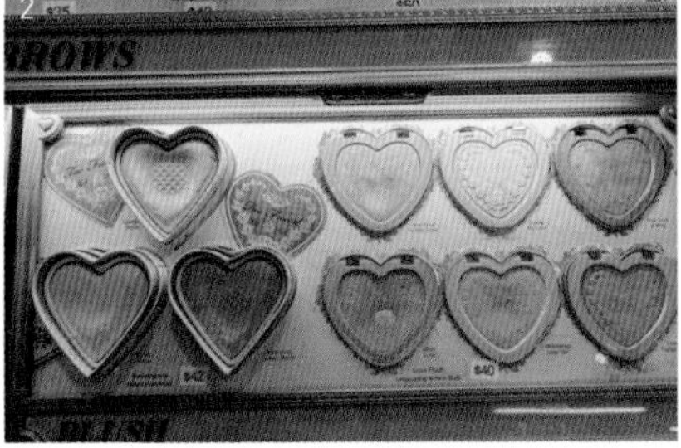

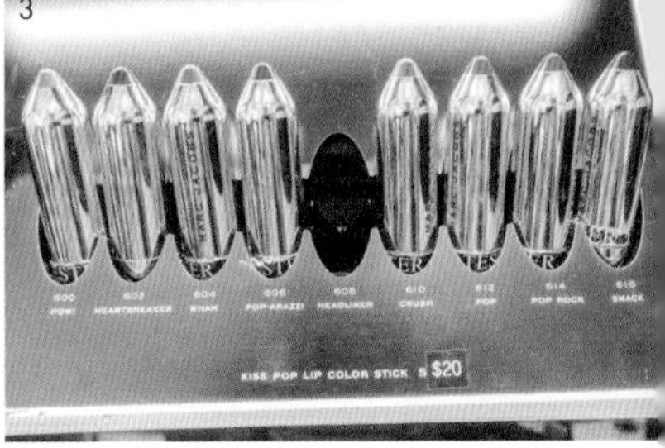

갖고 싶은 가구와 소품들이 가득한 곳

크레이트 앤드 배럴 Crate and Barrel

감각적인 가구와 소소한 주방용품, 생활용품, 인테리어 소품 등이 가득한 곳이다. 탐나는 물건이 많아 물건 담는 바구니가 부족할 정도다.
크레이트 앤드 배럴은 1962년 미국의 젊은 신혼부부에 의해 설립되었다. 유럽으로 신혼여행을 떠난 부부는 미국에서 보지 못한 심플하고 감각적이면서도 합리적인 가격의 제품들에 반해 시카고 신혼집으로 공수했다. 그 후 아예 사업을 시작해 지역에서 차근차근 명성을 쌓은 뒤, 매장을 늘리고 해외로 진출했다. 현재는 독일계 오토 그룹이 소유권을 넘겨받아 경영하고 있다.
매장을 둘러보다 보면 이케아가 연상되기도 하는데, 품질이나 디자인이 전체적으로 이케아보다 좋은 편이다. 가구는 사 오기 어려우니 아쉽게도 안목을 키우는 것으로 만족해야 하지만, 작은 그릇, 제빵 도구, 테이블 세팅 소품들을 살뜰히 사 온다면 충분히 집 안 분위기를 바꿀 수 있다.

Info
주소 2 orchard turn ION #04-21/22 238801
영업시간 10:00~22:00
가격 볼 S$7부터, 유리컵 S$10 정도

1 고풍스러운 가구, 모던하고 화려한 소품이 가득한 크레이트 앤드 배럴. **2·3** 부엌에 활기를 불어넣어줄 만한 그릇과 소품.

압도적인 분위기의 페라나칸 키친

바이올렛 운 Violet Onn

맛은 기본이고 럭셔리한 분위기와 최고의 서비스로 무장한 바이올렛 운(Violet Onn). 싱가포르에서 인기가 심상치 않다. 바이올렛 운은 2014년 부킷 티마(Bukit Timah)에 낸 첫번째 지점을 시작으로 2019년 5월 창이 공항 쇼핑몰 주얼(Jewel)에 5번째 지점까지 낸 페라나칸 음식점이다. 페라나칸은 중국과 말레이의 혼합 인종으로, 중국인 남성과 말레이인 여성 사이에서 태어난 이들을 가리킨다.

싱가포르 전체 인구 중 페라나칸은 소수에 불과하다. 하지만 그들의 문화는 다양성이 존중되는 싱가포르에서 중요한 위치를 차지하고 있다. 박물관 혹은 건축물을 통해 접한 페라나칸 문화를 음식으로 경험해보려는 사람들이 많아지면서 바이올렛 운의 주가도 덩달아 치솟고 있다. 초록색 벽과 페라나칸 문화를 상징하는 기하학적 무늬의 바닥타일로 꾸며진 내부 인테리어도 고급스럽고 인상적이다.

대표적인 페라나칸 음식으로 잘 알려진 락사(Laksa), 사떼(Satay)뿐 아니라 중국, 인도, 말레이시아 요리들로부터 영감을 받은 고기 요리와 디저트 그리고 하이티 세트까지 다양하게 선보이고 있으니 미식가라면 꼭 한번 들러보기를 추천한다.

Info
주소 ION orchard #03-22,#03-28/29 2 orchard turn 238801
영업시간 10:00~22:00
가격 소고기 렌당(Beef Rendang) S$ 23, 드라이 락사(Dry Laksa) S$ 24

1 푹 익힌 소고기를 소스에 묻혀 밥과 함께 먹는 소고기 요리 **2** 바이올렛 운 내부는 전체적으로 고급스러운 초록색과 기하학적 타일로 꾸며져 있다. **3** 페라나칸 문양으로 고급스럽게 포장된 쿠키

8가지 맛의 샤오롱바오를 한 접시에

파라다이스 다이너스티 Paradise Dynasty

오리지널, 치즈, 마늘, 스촨식, 인삼, 검은 송로버섯, 게살, 푸아그라 총 여덟 가지 맛의 샤오롱바오를 한 접시에 담은 스페셜티 다이너스티 샤오롱바오(Specialty Dynasty Xiao Long Bao)로 유명한 중국 음식점이다. 골라 먹는 재미도 있고, 알록달록한 색깔 때문에 보는 재미도 있다. 처음에 스페셜티 다이너스티 샤오롱바오를 주문해 맛을 본 다음, 마음에 드는 한 가지를 여섯 개, 열 개 단위로 주문해도 좋다. 샤오롱바오 외에 고기국물이 담백하고 시원한 국수류와 입맛을 돋우는 새콤달콤한 볶음 요리, 디저트까지 마련되어있어 많은 사랑을 받고 있다.

캐주얼한 분위기이지만 인테리어는 고급스러우며, 샤오롱바오를 빚는 모습이 보인다. 식사시간이면 늘 인파로 북적이는데도 예약은 받지 않는다. 하지만 자리 회전이 잘 돼 길어도 20분 정도면 자리가 나는 편이다. 시스템이 잘 갖춰진 음식점이라 손님이 많아도 주문 후 기다리는 시간이 길지 않다.

Info
주소 435 orchard road wisma atria #01-18 238877
영업시간 월~금 11:00~22:00 토 · 일 · 공휴일 10:30~22:00
가격 스페셜티 다이너스티 샤오롱바오 S$16.8 정도, 볶음밥 · 국수류 S$13 정도

1 음식점 벽면은 넓은 통유리창을 통해 샤오롱바오를 빚는 모습을 볼 수 있도록 했다 **2** 파라다이스 다이너스티의 대표 메뉴, 스페셜티 다이너스티 샤오롱바오. 왼쪽 끝에 놓인 스촨식 샤오롱바오는 매콤해 마지막에 먹는 것이 좋다. **3** 돼지고기와 채소를 넣은 볶음 국수

눈과 입이 즐거운 다양한 간식

다카시마야 백화점 식품 코너 Takashimaya Department

싱가포르를 대표하는 다카시마야 백화점은 식품 코너도 알차다. 다양하게 포진된 먹을거리를 둘러보고 있으면 절로 입에 침이 고인다.

우선 눈에 띄는 가게는 부드러운 두리안 슈크림(Durian Puff)을 맛볼 수 있는 포 시즌스 두리안스(Four Seasons Durians)다. 두리안의 질감과 향이 기분 좋을 정도로만 느껴져, 두리안을 먹어보고 싶지만 시도하기 두려운 초보자에게 안성맞춤이다. 토리 큐 야키도리(Tori Q Yakitori)도 늘 줄이 긴 가게다. 닭고기, 돼지고기, 장어, 채소, 소시지 등 다양한 꼬치가 준비되어있다. 포장 시 밥을 주문할 수 있는데, 꼬치 네 개를 사면 밥을 할인해준다. 미니 원(Mini One)의 앙증맞은 크루아상과 담백한 치즈케이크는 한입에 쏙 들어가는 크기라 포장해 가서 여행 중 간식으로 먹기 좋다.

일본계 백화점답게 고급스러운 일본 디저트 브랜드인 고베 후게츠도(Kobe Fugetsudo), 셈비키야(Sembikiya), 로쿠메이칸(Rokumeikan)도 있는데 예쁘고 먹음직스러워 눈길을 끈다. 시내에 비해 한산한 명품 차 브랜드 TWG에 들러 차분하게 차 쇼핑을 즐겨도 좋다.

Tip TWG에서 차를 살 때 티백은 아무래도 좀 비싼 편이다. 실속 있게 차를 즐기고 싶거나 선물용으로 많이 사려면 직원에게 찻잎만 사겠다고 얘기한다. 그램(g)으로 값을 매겨 적은 양도 살 수 있다.

Info
주소 391a orchard road B2 238873
영업시간 10:00~21:30
가격 포 시즌스 두리안스 두리안 슈크림 4개 S$4 정도 / 토리 큐 야키도리 꼬치 S$1~2 정도 / 미니 원 쁘띠 피자 소시지(Petit Pizza Sausage) 100g(4~5개) S$3 정도

1 부드러운 두리안 슈크림을 맛볼 수 있는 포 시즌스 두리안스. 2 미니 원의 빵은 포장해서 출출할 때 간식으로 먹기 좋다. 3 다양한 꼬치가 준비되어있는 토리 큐 야키도리.

원하는 책 다 있는 싱가포르 대표 서점

기노쿠니야 서점 Kinokuniya

책을 좋아하는 사람에게는 천국 같은 곳이다. 다문화 국가답게 매우 다양한 책들이 갖추어져있다. 기노쿠니야는 90년의 역사를 가진 일본의 대형 서점으로 오차드에 지점을 낸 것은 1999년이다. 오차드 지점 외에도 세 개의 지점이 싱가포르에 더 있지만, 오차드 지점이 플래그십 형태의 매장으로 가장 크다.

2014년 대대적인 리노베이션을 거친 기노쿠니야는 깊이 있고 좋은 책들을 대폭 늘렸다. 영어, 일본어, 중국어, 프랑스어, 독일어 출판물 등 50만 권이 넘는 장서를 보유하고 있으며, 요리, 만화, 공예, 음악 등 다양한 국내외 작가를 초정해 만남의 자리도 마련한다. 반면 책값은 조금 비싼 편이다. 우리나라보다 비싼 경우가 많아 국내에서 구할 수 없는 책이 아니라면 가격 비교는 필수다.

Tip 색다른 기념품을 찾는다면 미술(Fine Arts) 섹션에서 싱가포르의 다양한 모습을 담은 스케치북을 사는 것도 좋다. 아날로그 감성의 수채화가 마음을 끌어당긴다.

Info
주소 391 orchard road ngee ann city #04-20/20a/20b/20c/21 238872
영업시간 일~금 10:00~21:30, 토 10:00~22:00
가격 싱가포르 풍경(Scenes of Singapore) S$30 정도, 싱가포르 노트북(Singapore Notebook) S$19 정도

1 싱가포르의 대표 서점, 기노쿠니야 서점 입구. 2 싱가포르의 풍경을 담은 수채화 노트는 소중한 사람을 위한 선물로 좋다.

120년 전통의 프랑스 베이커리 그대로

폴 베이커리 Paul Bakery

프랑스에서 상륙한 120년 전통의 패밀리 베이커리로 싱가포르에서도 많은 사랑을 받고 있다. 크루아상, 케이크, 디저트, 샌드위치, 마카롱 등이 있으며, 인기 메뉴는 바삭하면서도 촉촉한 밀푀유 네이처(Millefeuille Nature)와 에클레어(Eclair)다.

우아하게 차를 마실 수 있는 티 룸도 마련되어있다. 분위기가 고풍스러워 실제로 프랑스에 있는 듯한 느낌이 든다. 격조 있는 분위기와 통유리 너머로 보이는 오차드의 풍경 때문에 폴 베이커리는 늘 티타임을 즐기는 사람들로 북적인다.

Info

주소 391 orchard road ngee ann city #03-16/17 238872

영업시간 월~목 09:30~21:30, 금 09:30~22:30, 토 09:00~22:30, 일 09:00~21:30

가격 밀푀유 네이처 S$7 정도, 에클레어 S$7 정도

1 프랑스에서 온 폴 베이커리 입구. **2** 식사를 하거나 차를 마실 수 있는 티 룸이 마련되어있다. **3** 화려한 모양의 케이크와 에클레어.

처음 느끼는 다양한 향기

배스 앤드 보디 웍스 Bath & Body Works

배스 앤드 보디 웍스는 약 30년의 역사를 가진 미국 브랜드다. 가격에 비해 용량이 많아서 부담 없이 쓱쓱 바르게 되는 '착한' 제품으로, 보디 워시, 보디로션, 보디 미스트, 핸드 로션, 헤어 제품, 향수, 양초 등 제품군이 매우 다양하다. 가장 큰 특징은 제품별로 향이 정말 다양하다는 것이다. 민트, 오이 멜론, 스위트피 등 호기심을 불러일으키는 향이 많다.

가게에 들어서면 화려한 용기와 세일을 알리는 사인 보드가 눈에 들어온다. 사인 보드가 곳곳에 있는 만큼 세일 제품과 소포장 제품이 많아 기분 전환용으로 여러 개를 사도 부담이 없다. 특히 손 안에 쏙 들어오는 손 소독제는 휴대하기 좋고 값도 싸서 선물용으로 그만이다. 재미있는 아이디어 상품이나 선물용 세트 상품도 많다.

Info

주소 391 orchard road ngee ann city #b1-10/11 238873
영업시간 10:00~22:00
가격 샤워 젤 S$15부터, 미스트 S$16부터, 미니 손 소독제 S$3 정도

1 다양한 향이 특징인 배스 앤드 보디 웍스 매장. 2·3 배스 앤드 보디 웍스만의 개성 넘치는 제품들.

감각적인 디자인이 돋보이는 예술 도서관

오차드 도서관 Orchard Library

2014년에 개관한 오차드 도서관은 라이프 스타일, 디자인, 응용예술 분야 전문 도서관이다. 도서관 입구부터 '디자인은 모두를 위한 것(Design is for Everyone)'이라는 문구가 시선을 사로잡는다. 안으로 들어가 반 층 올라가면 물결무늬의 책장이 놀라움을 자아낸다. 수많은 DVD가 꽂힌 작은 공간까지 평범하게 디자인된 곳은 하나도 없다. 책장 사이사이 공간도 넉넉해 어디서든 털썩 주저앉아 책들을 쌓아놓고 보는 것이 자연스럽다.

디자인에만 신경 쓴 것은 물론 아니다. 사진, 인물, 패션, 잡지, 건축, 인테리어 디자인, 가구 디자인, 게임 디자인, 공예, 포장, 각종 그래픽, 광고, 여행 등 다양한 주제를 망라한 10만 권의 장서를 보유하고 있다. 입구의 넓은 공간에서는 종종 관련 전시회나 작가와의 대화, 워크숍도 열린다.

Info
주소 277 orchard road orchard gateway #03-12/#04-11 238858
개방시간 11:00~21:00
입장료 무료

Plus
싱가포르 비지터 센터 Singapore Visitor Center
여행 중에 궁금증이 생기거나 정보가 더 필요할 때는 오차드 도서관 건너편에 있는 싱가포르 비지터 센터로 달려간다. 사소한 질문에도 미소를 잃지 않고 성심껏 해결해준다.
주소 216 orchard road (next to orchard gateway@emerald) 238898
영업시간 08:30~21:30

1 독특한 디자인이 인상적인 오차드 도서관의 책장. 2 오차드 도서관은 편하게 앉아 책을 보는 공간도 멋스럽다.

치킨라이스 맛의 종결자

쥬 키트 Jew Kit

쥬 키트는 치킨라이스가 맛있는 음식점이다. 오차드 센트럴 쇼핑몰을 오른쪽에 두고 우회전 한 뒤 300m가량 걸으면 찾을 수 있다. 쥬 키트는 테오 쥬 키트(Teo Jew Kit) 씨가 1992년에 설립한 음식점으로 지금은 아들이 물려받아 운영하고 있다.

우리가 알고 있는 치킨라이스의 정식 명칭은 '하이난 치킨라이스(Hainanese Chicken Rice)' 다. 중국 하이난 출신 이민자들이 싱가포르에 정착해, 그들이 즐겨 먹던 치킨라이스를 판매하며 생계를 이어나간 것에서 시작되었다. 중국어로 닭은 '지'로 발음하는데 '지'는 번영을 의미하는 동음이의어이기도 해 음력 설에 치킨라이스를 즐겨 먹었다고도 한다.

하이난 출신 이민자들이 작은 점포에서 판매하던 소박한 치킨라이스는 이제 싱가포르를 대표하는 소울 푸드로 자리 잡았다. 하지만 의외로 정말 맛있는 치킨라이스를 찾기란 쉽지 않다. 맛있는 치킨라이스는 닭고기가 알맞게 부드러우면서도 퍽퍽하지 않아야 한다. 닭육수로 지은 밥은 담백하면서도 느끼하거나 비린내가 나지 않아야 한다. 닭고기와 함께 제공되는 야채와 간장소스의 맛도 중요하다. 쥬 키트의 치킨라이스는 이 모든 조건을 충족시킨다.

Info
주소 105 killiney road 239546
영업시간 10:30~24:00
가격 러블리 밀 (Lovely Meal) S$ 8, 홈메이드 새우 롤(Home-made Crispy Prawn Roll) S$10

1 리노베이션을 한 지 몇 년 되지 않아 깔끔한 쥬 키트 전경 2 복고느낌 물씬 나는 소박한 소품과 그림들이 음식점 곳곳을 장식하고 있다 3 쥬 키트의 시그니처 메뉴 치킨라이스

자연에 둘러싸인 고즈넉한 호텔에서 즐기는 뷔페

로즈 베란다 Rose Veranda

상그릴라 호텔(Shangri-la Hotel)에서 26년째 운영 중인 하이 티(High Tea) 뷔페다. 하이 티는 산업혁명 시대에 바쁜 노동 계층 사람들이 일을 마치고 돌아오는 6시 즈음, 차가운 고기와 베이컨, 빵 등으로 차린 간단한 저녁식사를 차와 함께 하던 문화에서 시작되었다. 고기가 가장 중요한 역할을 해 고기 차(Meat Tea)라고도 불렀다.

상그릴라 호텔은 오차드 한복판에서 차로 불과 10분 정도 거리에 있지만 자연에 둘러싸여 차분한 분위기가 인상적이다. 우리나라 역대 대통령들을 포함한 세계 정상들이 싱가포르 방문 시 단골로 묵을 만큼 세계적인 명성을 가지고 있기도 하다.

로즈 베란다에서는 푸른 자연과 연못이 어우러진 바깥 풍경을 여유롭게 바라보며 티타임을 즐길 수 있고, 고기, 채소, 딤섬, 국수, 치즈, 초밥 등 기대 이상의 정갈하고 고급스러운 음식들도 푸짐하게 먹을 수 있다. 한국인 직원도 여럿 있어 차나 음식에 대해 궁금한 점이 있으면 바로 물어볼 수 있어 편하다.

Info
주소 22 orange grove road 258350
영업시간 월~목 11:30~17:00, 금~일 · 공휴일 11:30~14:00, 15:00~18:00
가격 어른 S$52, 아이(6~11세) S$26

1

1 하이 티 뷔페, 로즈 베란다 내부. **2·3** 음식이 뷔페 형식으로 제공되어 차와 함께 든든하게 식사할 수 있다.

2

3

놓치기 아까운 오차드의 명소

스트레이츠 키친 Straits Kitchen

로컬 음식을 한자리에서 제대로 맛보고 싶다면 하얏트 호텔에 있는 뷔페, 스트레이츠 키친이 답이다. 음식이 다양한 데다 고급스러워 명성이 자자하다.

주소 10 scotts road grand hyatt 228211
영업시간 월~금 12:00~14:30, 토 · 일 · 공휴일 12:30~15:00
가격 점심 뷔페 어른 S$56, 아이 S$29

푸드 오페라 Food Opera

싱가포르의 푸드 코트 체인인 푸드 리버블릭에서 운영하는 곳으로, 어떤 메뉴를 선택하더라도 무난하다. 아이온 안에 있어 쇼핑 중간에 잠시 들러 먹기 좋다.

주소 2 orchard turn ION #b4-03/04 238801
영업시간 일~목 · 공휴일 10:00~22:00,
금 · 토 · 공휴일 전날 10:00~23:00
가격 대부분 S$5~10

앵거스 Angus

일본식 스테이크와 파스타를 파는 음식점으로, 니 안 시티 안에 있다. 고기가 연하기로 유명하며, 숯불에 구워 더 맛있다.

주소 319 orchard road ngee ann city #04-25 238872
영업시간 11:45~15:00, 18:00~22:00
가격 등심 스테이크 S$53, 립 아이 스테이크 S$58

이푸도 Ippudo

입맛이 까다로운 정통 일본 라멘 마니아에게도 인정받는 라멘 전문점이다. 면발 익히는 정도를 선택할 수 있어 취향대로 즐길 수 있다.

주소 333a orchard road mandarin gallery #04-02/03/04 238897
영업시간 월~토 11:00~23:00, 일 11:00~22:00
가격 라멘 S$18~19 정도

하이 디 라오 핫 포트 Hai Di Lao Hot Pot

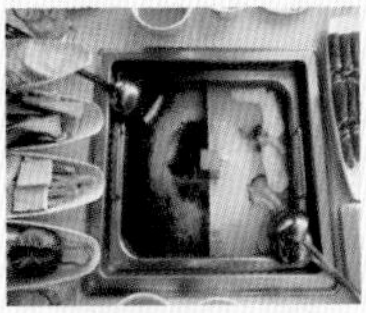

훠궈 전문점으로 식사시간에 가면 한 시간 이상 기다려야 할 만큼 인기가 폭발적이다. 기다리는 손님에게는 네일아트 서비스를 제공한다.

주소 313 orchard road 313@somerset #04-23/24 238895
영업시간 10:30~06:30
가격 국물 S$7~14(치킨, 락사, 시푸드, 토마토, 매운 국물 등 종류가 다양하며, 4가지까지 선택할 수 있다.), 채소, 고기 등 주재료 S$10~20 정도

포 핑거스 4fingers

바삭하면서 짭조름한 맛으로 유명한 치킨 가게다. 간장 양념과 비슷한 양념이 잃어버린 입맛을 돌아오게 할 정도로 매력적이다.

주소 277 orchard road orchard gateway #01-04/05 238858
영업시간 일~목 11:00~22:00, 금 · 토 · 공휴일 전날 11:00~23:00
가격 닭다리 3조각 세트 S$12 정도, 닭다리와 닭날개 6조각 세트 S$11 정도

리호 티 LiHO TEA

차 위에 부드러운 치즈를 듬뿍 올려 먹는 치즈 티(Cheese Tea)가 대표메뉴다. 달콤한 티 위에 부드럽고 짭조름한 치즈가 어우러져 의외의 케미를 뽐낸다.

주소 #01-16F 14 scotts road far east plaza 228213
영업시간 11:00~22:00
가격 치즈 멜론 티(Cheese Melon Tea) S$ 3.5, 클래식 밀크 티(Classic Milk Tea) S$ 2.8

코카 Coca

타이 스타일 스팀보트(일종의 샤부샤부) 전문점으로, 부부가 가족을 위해 만든 레시피를 발전시켜 사업화했다. 뷔페뿐 아니라 단품 메뉴도 준비되어있다.

가게번호 391 orchard road #04-23 ngee ann city 238872
영업시간 11:15~22:30
가격 점심 뷔페 어른 S$28, 아이 S$20

뎀시 힐
Dempsey Hill

추천 코스 도보

레드시 갤러리 → 블루 쿠지나 → 피에스 카페 → 도버 스트리트 마켓 → 새미스 커리

다양하고 개성 있는 현대미술 전시장

레드시 갤러리 Redsea Gallery

음식점이 즐비한 뎀시 힐에서 다양한 현대미술을 선보이는 레드시 갤러리는 존재만으로도 의미가 있다. 2001년 개관한 이후 싱가포르뿐 아니라 다양한 아시아 작가들을 발굴해 꾸준히 명성을 쌓아왔다.
전시를 앞두고 작가가 작업하는 장면이나 준비 과정을 공식 SNS를 통해 생중계하거나, 매년 여름 여러 국적 작가들의 작품을 한자리에 모아 전시하기도 한다. 2017년에는 인도네시아, 중국, 프랑스, 호주 작가들이 캔버스뿐 아니라 다양한 형태의 작품을 선보였다. 어떤 작가는 색깔을 입힌 라이스페이퍼로 꽃을 표현했고, 어떤 작가는 맑고 흰 점토로 즐겁고 행복했던 어린 시절을 표현했다. 농촌이 고향인 작가는 동물과 인간의 모습을 청동으로 생동감 넘치게 또는 익살스럽게 묘사했다. 2016년에는 한국의 박지은 작가도 참여해 눈길을 끌었다.

Info
주소 block 9 dempsey road dempsey hill #01-10 247697
관람시간 11:00~20:00
관람료 무료

1

1 레드시 갤러리 입구. 슬레이트 지붕에서 예전 뎀시 힐의 분위기가 그대로 느껴진다. **2** 레드시 갤러리 내부. 식사 전후로 짧게 미술 작품을 감상하면 좋다.

직접 짠 올리브 오일로 만든 그리스 음식

블루 쿠지나 Blu Kouzina

그리스 음식이 생소하고 딱히 생각나는 음식도 없던 때에 블루 쿠지나에서 생애 첫 그리스 요리를 경험했다. 도톰한 소고기와 다양한 채소, 그리스의 주식 피타 브레드(Pita Bread)와 요구르트 소스 차지키(Tzatziki)가 어우러진 꼬치 요리, 칼라마키 수블라키(Kalamaki Souvlaki)였다. 플레이팅도 아름다웠고, 그에 걸맞게 맛도 좋았다. 성공적이었다.

그리스 요리의 기본은 올리브 오일인데, 이곳에서 쓰는 올리브 오일은 주인의 가족이 그리스에서 직접 생산해 포장과 운반까지 책임진다. 재료도 모두 신선하고 질이 좋아서 혀에 느껴지는 맛이 자연스럽고 부담이 없다. 블루 쿠지나는 원재료의 맛을 잘 살린 음식과 전체적으로 푸른빛을 띤 인테리어가 조화롭고, 창밖으로 보이는 뎀시 힐의 풍경이 마음을 편안하게 만드는 곳이다.

Info

주소 10 dempsey road (blk10) #01-21 247700

영업시간 12:00~14:30, 18:00~20:00, 20:15~22:00

가격 칼라마키 수블라키 S$19 정도, 호리아티키(Horiatiki, 각종 채소와 페타 치즈가 어우러진 샐러드) S$23 정도(S$17 정도에 반만 주문할 수 있다.)

1 그리스 음식점, 블루 쿠지나 내부. 푸른 대문이 전체 분위기를 멋스럽게 이끈다. 2 고기가 부드러운 칼라마키 수블라키. 3 주인의 가족이 직접 생산한 올리브 오일.

오솔길과 꽃향기가 있는 숲 속 카페

피에스 카페 PS Cafe

싱가포르에서 피에스 카페는 이름만으로도 전폭적인 신뢰를 받는 브랜드다. 뎀시 힐의 울창한 숲 속에 자리 잡은 덕에 다른 곳과 비교할 수 없는 특별함이 있어 마니아층이 두텁다.

입구는 마치 고급 리조트에 들어가는 느낌이다. 오솔길을 잠시 걸어야 카페 건물이 나오고, 차도에서는 전혀 보이지 않는다. 상기된 기분으로 길을 따라 들어가면 곧 카페가 나온다. 넓은 마당에 접이식 의자와 테이블이 놓여있고, 무엇보다 시원하게 보이는 통유리가 있어 실내에 앉아도 뎀시 힐의 자연을 놓치지 않고 즐길 수 있다.

카페 안으로 들어가면 코끝을 스치는 꽃향기에 기분이 좋아진다. 파스타, 샌드위치, 커피, 햄버거 등 다양한 메뉴를 취급하는데, 전반적으로 플레이팅이 예쁘고 맛도 있다.

Info
주소 28b harding road 249549
영업시간 일~목 08:00~23:00, 금 · 토 08:00~01:00
가격 커피류 S$6~7 정도, 케이크류 S$15~20 정도

1 피에스 카페는 넓은 공간, 통유리와 푸르른 환경 덕분에 늘 문전성시를 이룬다. 2 피에스 카페로 들어가는 오솔길. 3 두툼한 패티와 채소를 넣은 수제 버거.

유기농 식품 가게 겸 브런치 카페

존스 더 그로서 Jones the Grocer

호주 시드니에서 1996년에 론칭한 존스 더 그로서는 치즈, 고기, 커피 등을 파는 가게이면서 아침과 브런치를 파는 카페다. 전 세계에 30개가 넘는 매장이 있으며, 싱가포르에도 두 개의 매장이 있다.

이곳은 재료의 신선함을 유지하는 데 가장 큰 가치를 두고 유기농 재료로 만든 빵, 오일, 잼, 파스타, 와인, 햄 등을 판다. 식품 외에도 요리책, 조리 도구 등 여러 제품이 있다. 특히 치즈 종류가 많아 서양 사람들의 발길이 끊이지 않는다.

천장이 높고 탁 트여있어 단순한 가게라기보다 분위기 좋은 카페의 느낌이 더 강하다. 그 때문에 평일에도 브런치를 즐기는 사람들로 북적인다. 햄버거, 파스타, 리소토, 립 요리, 생선 요리, 스테이크 등 다양한 메뉴가 준비되어 있는데, 좋은 재료를 쓰기 때문인지 조금 비싸게 느껴지는 음식도 있다.

Info

주소 9 dempsey road 247697

영업시간 08:00~23:00

가격 존스 와규 버거 S$28, 과일 스무디 S$9

1 존스 더 그로서 내부. 식품 가게와 브런치 카페 콘셉트가 묘하게 어우러져있다. 2 벽 전체를 가득 채운 신선한 식품들.

미술관에 온 것 같은 착각이 드는 편집숍

도버 스트리트 마켓 Dover Street Market

도버 스트리트 마켓은 일본의 세계적인 디자이너 레이 카와쿠보(Rei Kawakubo)가 론칭한 편집숍이다. 2004년 런던에서 처음 문을 연 뒤 뉴욕, 도쿄, 싱가포르, 베이징 그리고 LA 등 세계 주요 도시에 잇따라 매장을 선보이며 영향력을 넓히고 있다.

도버 스트리트 마켓은 그녀를 세상에 알린 브랜드 꼼데가르송(Comme des Garçons) 등 9개 라인을 비롯해 총 100개가 넘는 다양한 브랜드 제품을 총망라하고 있다. 레이 카와쿠보의 스타일답게 이곳이 옷가게가 맞나 싶을 정도로 화려하고 난해한 옷들이 상당하다. 그러나 구매 여부와 상관없이 톡톡 튀는 디자인과 색감의 옷 그리고 콘셉트 별로 꾸며진 예술적인 내부 인테리어를 보는 것만으로도 머릿속은 새로운 영감으로 가득 차는 느낌이 든다. 옷 외에 가방, 구두, 운동화, 액세서리 컬렉션도 상당한데다 한정판 상품들도 종종 입고되는 만큼 패션 피플이라면 놓치지 말아야 할 곳이다.

Info

주소 Blk 18 Dempsey road 249677

영업시간 11:00~20:00

가격 스니커즈류 약 S$ 200~ 티셔츠류 약 S$ 100~

Plus

샹 앤티크 Shang Antique

30년 역사를 자랑하는 샹 앤티크는 7~19세기 사이 동남아국가에서 들여온 불상, 그림 그리고 도자기류를 판매하는 내공있는 앤티크숍이다. 올해 영국의 유명 잡지 태틀러(Tatler)싱가포르가 선정한 베스트 앤티크 숍으로 선정되는 영예를 안기도 했다.

주소 Blk 26 Dempsey road #01-03 249686

1

2

1·3 옷, 매장 인테리어 어느 것 하나 평범한 것이 없어 즐거운 도버 스트리트 마켓 **2** 한정판 운동화를 자주 볼 수 있는 진열대

3

70년 전통의 정통 인도 음식

새미스 커리 Samy's Curry

인도 음식점에 가는 것은 단순히 음식을 먹는 것 이상의 경험이다. 강한 향신료와 진한 소스가 듬뿍 들어간 음식, 바나나 잎 위에 놓인 끈기 없는 쌀밥, 화려한 장신구를 걸친 직원들, 탁한 색깔로 페인트칠되어 왠지 깔끔하지 않는 분위기 등에서 작은 인도를 온몸으로 느낄 수 있다. 다문화 국가인 싱가포르에서도 인도 음식점은 이국적으로 다가온다.

뎀시 힐에는 70년 가까이 인도 음식의 전통을 이어온 새미스 커리가 있다. 역사가 깊은 음식점은 대를 이어 운영하는 경우가 많은데, 이곳도 창업자의 아들이 가업을 물려받아 이끌고 있다. 싱가포르에 인도 음식점은 많지만 이곳에는 다른 데서 찾을 수 없는 특별함이 있다. 뎀시 힐만의 자연환경과 낡은 막사 건물이 주는 운치, 긴 역사를 가진 새미스 커리의 만남은 최상의 조화다.

대표 메뉴는 피시 헤드 커리(Fish Head Curry), 버터 치킨(Butter Chicken), 블랙 스퀴드(Black Squid), 탄두리 치킨(Tandoori Chicken) 등이다. 모든 요리의 소스가 걸쭉하고 색깔이 진한데, 밥을 비벼 먹거나 난을 찍어 먹으면 크게 거부감 없이 먹을 수 있다. 밥은 리필이 되며, 다소 자극적인 맛은 과일주스로 가라앉히면 좋다.

Info
주소 25 dempsey road 249670
영업시간 수~월 11:00~15:00, 18:00~22:00, 화요일 휴무
가격 블랙 스퀴드 S$9, 피시 헤드 커리 S$21

1 인도 음식 초보자도 부담 없이 먹을 만한 새미스 커리의 음식들. **2** 넉넉한 좌석과 에어컨 시설이 갖추어진 내부.

리버사이드

Riverside

추천 코스 도보, 올드 힐 스트리트 경찰서로 갈 때는 대중교통 이용

하치 또는 와인 커넥션 또는 비스트 앤드 버터플라이스 → 올드 힐 스트리트 경찰서 → 래플스 경 상륙지 → 카베나 다리 → 레드도트 브루하우스 → 송파 바쿠테 → 28 홍콩 스트리트 또는 원 알티튜드

이렇게 화려한 건물이 관공서라니!

올드 힐 스트리트 경찰서 Old Hill Street Police Station

시내를 돌아다니다 보면 한두 번은 꼭 마주치는 건물이 있다. 네오클래식풍에 창문이 워낙 알록달록하고 개수도 많아, 외관만 보면 박물관이나 미술관이라고 생각하기 쉽다. 하지만 이곳은 정보통신부(Ministry of Communications and Information)와 문화 지역사회 청소년부(Ministry of Culture, Community & Youth)가 입주한 정부기관 건물이다.

1934년 지금의 건물이 들어서기 전에 이 부지는 극장, 학교, 싱가포르 최초의 감옥, 경찰서와 병영으로 쓰였다. 1942년부터 1945년까지 일본 식민지 시절에는 일본 헌병대가 썼다. 수많은 역사를 담고 있는 올드 힐 스트리트 경찰서는 1979년까지 경찰서로 쓰이다가, 1998년 건물이 국가 기념물로 지정된 뒤 현재에 이르렀다. 정부 부처가 두 개나 입주해있지만, 건물 이름은 여전히 올드 힐 스트리트 경찰서다.

올드 힐 스트리트 경찰서는 총 6층으로 무려 927개의 창문이 있다. 구역별로 창문 색깔이 달라 밤에 조명을 비추면 환상적인 야경을 선사한다. 역사적인 의미와 함께 한 번 보면 잊히지 않을 만큼 강렬한 아름다움을 지닌 곳이다.

Info 주소 140 hill street old hill street police station #01-01a 179369

조명을 비춘 올드 힐 스트리트 경찰서. 수많은 색색의 창문이 시선을 사로잡는다.

150년 세월을 견뎌온 역사의 현장

카베나 다리 Cavenagh Bridge

보트 키 끝자락에 자리한 탓에 여행 코스에서 빠지기 쉽지만, 싱가포르에서 원래 모습을 그대로 간직한 다리 중 가장 오래된 다리로 150여 년의 역사를 자랑한다. 원래 가축과 차들이 다녔는데, 교통량이 늘어나 지금은 차량통행이 금지된 상태다. 카베나 다리는 샌프란시스코의 금문교와 같은 현수교 방식으로 지어진 데다 오랜 역사를 간직하고 있어 크진 않아도 꽤 운치가 있다. 우체국에서 고급 호텔로 변신한 플러턴 호텔(Fullerton Hotel)이 다리 바로 뒤에 있어 사진 찍기도 좋다.

다리 주변에서 싱가포르의 발전을 이끈 1세대의 다양한 모습을 담은 동상을 숨은 그림 찾기 하듯 찾아보는 것도 색다른 재미다. 강가로 뛰어드는 아이들의 모습이 마치 실제인 듯 생동감 넘치는 작품 「1세대(First Generation)」는 당시 싱가포르 강이 해상무역 통로로만 쓰인 것이 아니라 아이들에게 소중한 물놀이 장소였음을 알려준다. 그 외에도 우마차로 쌀 포대를 나르는 하인들과 그 옆에서 이야기를 나누는 상인들의 모습을 묘

Info 주소 1 fullerton square 049178

Plus **래플스 경 상륙지** Raffles Landing Site

영국 동인도 회사의 래플스 경이 1819년 싱가포르에 처음 상륙했던 지점으로, 그의 동상이 있다. 래플스 경은 작은 어촌 마을에 자유무역항을 개설해 국가 발전의 근간을 이뤄 건국의 아버지로 불린다. 레드도트 부루하우스 맞은편에 있다.

사한 「강가의 상인(The River Merchant)」, 곡식의 무게를 재는 선조들의 모습을 묘사한 「큰 상점(Great Emporium)」도 눈길을 끈다. 작품 속 인물을 바라보고 있으면 그 시대로 돌아간 듯한 느낌이 든다.
카베나 다리는 2008년에 방송되었던 드라마 「그들이 사는 세상」의 촬영지로도 유명하다. 푸른 하늘, 싱가포르 강 그리고 카베나 다리가 화면 속에 잘 어우러져 인상적이었다.

1 카베나 다리는 풀러턴 호텔과 함께 보트 키의 전망을 책임지고 있다. 2 강가로 뛰어드는 아이들의 모습을 표현한 동상. 3 카베나 다리를 배경으로 촬영한 드라마의 한 장면.

보트 키의 낭만을 만끽할 수 있는 맥주 양조장

레드도트 브루하우스 Reddot Brewhouse

레드도트 브루하우스는 창립자인 어네스트가 1997년 남아프리카공화국을 여행할 때 우연히 만난 군인들이 건넨, 라벨 없는 맥주를 마셨던 것에서 시작되었다. 당시 군인들의 소개로 맥주 양조장을 방문했는데, 포장에 빨간 점으로 표시된 재료와 그렇지 않은 재료가 있었다. 그는 빨간 점으로 표시된 재료를 골랐고, 그 일은 훗날 가게 이름을 레드도트로 정하는 계기가 되었다. 이후 끊임없는 연구와 노력으로 자가 양조에 성공했고, 초기 싱가포르에 정착한 중국인들의 해상무역을 책임졌던 보트 키에 2010년 둥지를 틀었다.

이곳은 점심 세트 메뉴가 싸고 먹을 만하다. 스테이크나 파스타 중에서 주요리를 고를 수 있다. 리버사이드의 중심부인 클라크 키보다 조금 차분한 분위기로, 시원한 초록색 맥주 한 잔을 곁들이면 보트 키의 낭만을 만끽하기에 충분하다.

Info

주소 33/34 boat quay 049823

영업시간 월~목 12:00~24:00(점심 12:00~14:30, 저녁 18:00~22:00), 금 · 공휴일 전날 12:00~02:00(점심 12:00~14:30, 저녁 18:00~22:30), 토 15:00~01:00(저녁 18:00~22:30), 일요일 휴무

가격 점심 세트 S$18, 몬스터 그린 라거 비어(Monster Green Lager Beer) S$11

Plus

원 알티튜드 1-Altitude

야외 바 중 세계에서 가장 높은 바로 282m 63층에 있다. 어떤 장애물도 없이 시원하게 뻥 뚫린 야외에서 최고의 야경을 즐길 수 있어 늘 인산인해를 이룬다.

주소 1 raffles place 048616

1 수제 맥주가 맛있는 레드도트 브루하우스. 2 맥주 색깔이 눈길을 끄는 몬스터 그린 라거 비어. 3 보트 키를 바라보며 한잔 할 수 있는 야외 좌석도 충분하다.

든든한 보약 같은 한 끼

송파 바쿠테 Songfa Bak Kut The

뜨끈한 국물이 생각날 때 송파 바쿠테는 최고의 선택이다. 송파는 1959년 가판대에서 바쿠테를 팔던 설립자의 이름이고, 바쿠테는 다양한 허브와 향신료를 넣어 끓인 돼지갈비 국물을 뜻한다. 우리나라의 갈비탕과 바쿠테를 많이 비교하는데, 바쿠테는 돼지고기를 쓰고 향신류와 후추 맛이 강하다는 점에서 차이가 있다.

송파 바쿠테에서는 돼지갈비 외에도 삼겹살, 안심, 꼬리 등 다양한 부위로 만든 바쿠테를 판다. 하지만 대표 메뉴는 역시 돼지갈비 수프(Pork Ribs Soup)다. 바쿠테를 먹을 때는 밥이나 국수를 꼭 함께 시킨다. 반찬으로 청경채와 비슷한 중국 채소 초이섬 볶음을 곁들여 먹어도 궁합이 잘 맞는다. 바쿠테는 오래 끓여 고기가 아주 부드럽게 찢긴다. 여행 중반 이후 몸보신이 필요할 때나 전날 과음을 했을 때 먹으면 효과 만점이다. 식사시간에는 많이 기다려야 하므로 그 시간을 피해 가는 것이 좋다.

Info
주소 11 new bridge road #01-01 059383
영업시간 화~일 09:00~21:15, 월요일 휴무
가격 돼지갈비 수프 S$7, 초이섬 볶음 S$4

1 식사시간이면 늘 북적이는 송파 바쿠테. 2 송파 바쿠테의 대표 메뉴, 돼지갈비 수프. 한국인의 입맛에 잘 맞는다.

아주 평범하지만 알고 보니 세계 최고의 바

28 홍콩 스트리트 28 Hongkong st

모르고 가면 그냥 지나칠 만큼 외관이 아주 평범한 곳, 이름도 따로 없이 주소가 이름인 곳, 28 홍콩 스트리트. 그런데 애니메이션 「센과 치히로의 행방불명」에서 폐허가 된 놀이공원이 갑자기 온천장으로 바뀌듯, 28 홍콩 스트리트의 허름한 문을 열고 들어가면 은은한 조명 아래 신나는 밤을 즐기는 사람들로 가득하다. 비밀스러운 공간에 모여 그들만의 파티에 열중하는 모습이 신선하다.

바 선반에 놓인 많은 트로피는 이곳의 진가를 알려준다. 2011년 문을 연 28 홍콩 스트리트는 런던에서 발행되는 잡지 「드링스 인터내셔널(Drinks International)」에서 발표하는 '아시아 최고의 바 50 어워즈'에서 2016년 당당히 1위를 차지했다. 또한 칵테일 분야의 오스카상으로 평가받는 '테일즈 오브 더 칵테일 어워즈(Tales of the Cocktail Awards)'에서는 2014년 세계 최고 칵테일 바로 선정되는 등 수상 경력이 화려하다. 심상치 않은 바 분위기뿐 아니라 세계적인 칵테일 맛을 제대로 즐기고 싶다면 결코 놓칠 수 없는 곳이다. 칵테일 초보자라면 바텐더에게 추천을 받는 것도 좋다.

Info
주소 28 hongkong street 059667
영업시간 월~목 18:00~02:00, 금 · 토 18:00~03:00, 일요일 휴무
가격 칵테일 파이브 풋 어새신(Five Foot Assassin) S$22, 스톤 펜스(Stone Fence) S$23

1 28 홍콩 스트리트는 평일 밤에도 손님들로 가득하다.
2 화려한 수상 경력을 가진 바답지 않게 평범한 외관.
3 28 홍콩 스트리트가 최고의 바임을 말해주는 트로피.

무한 신뢰할 수 있는 오마카세 일식집

하치 Hachi

고품격 일식을 분위기 좋은 곳에서 즐길 수 있는 오마카세 콘셉트의 일식집이다. 오마카세는 '당신에게 달렸다'라는 뜻으로, 큰 방향은 정해져 있지만 구체적인 음식은 셰프가 알아서 내주는 방식이다. 그 때문에 오마카세 일식집은 믿고 맡기는 고객을 위해 좋은 재료를 쓰는 것이 가장 중요하다. 하치는 일본에서 직접 공수해오는 신선한 재료와 끊임없는 연구로 신뢰를 얻고 있다.

점심시간에 가더라도 조용한 분위기에서 음식 하나하나의 맛을 음미하며 여유롭게 식사할 수 있지만, 주변을 둘러보면 늘 자리가 꽉 차 있다. 거의 100% 예약제로 운영하기 때문이다. 점심 메뉴 중에서 추천할 만한 것은 하치 쇼카도 도시락(Hachi Shokadou Bento)이다. 초밥, 튀김, 꼬치, 샐러드와 미소국이 푸짐하게 나온다. 안쪽에 20명까지 들어갈 수 있는 룸도 마련되어있다.

Info
주소 6 mohamed sultan road #01-01 238956
영업시간 월~금 · 공휴일 12:00~14:30, 18:00~23:00, 토 · 일 18:00~23:00
가격 하치 쇼카도 도시락 S$48, 오마카세 디너 S$168

Plus
지나치기 아쉬운 리버사이드의 명소
다양한 음식을 맛볼 수 있으며 모던하고 신비로운 인테리어가 인상적인 비스트 앤드 버터플라이스(Beast and Butterflies), 합리적인 가격의 와인과 안주로 내국인들에게 많은 사랑을 받는 와인 커넥션(Wine Connection)도 가볼 만하다.
주소 비스트 앤드 버터플라이스 90 robertson quay 238259
와인 커넥션 11 unity street #01-05 robertson walk 237995

1·2 다양한 재료로 알차게 구성된 점심 메뉴, 하치 쇼카도 도시락.

인생사진 남기는 팁스타그램

커다란 창문을 배경으로 소박하지만 멋스럽게

뎀시 힐의 티모시 올튼(Timothy Oulton) 가구점 뒤편, 푸른 커튼이 비치는 커다란 창문과 깔끔한 흰색 외벽은 소박하지만 멋진 배경이 된다. 이곳은 화려한 관광지도 아니고 인적도 드물지만, 동네 특유의 분위기가 물씬 풍겨 의외로 마음에 오래 남는다. 큰 창문이 사진의 균형을 잡아주므로 구도를 잡을 때 창문이 기울어지지 않도록 주의한다.

창문이 많은 건물은 수평과 수직을 맞춰서

건물 야경을 찍을 때는 수직과 수평을 맞추는 것이 중요한데, 올드 힐 스트리트 경찰서는 다양한 색과 수많은 창문이 잘 표현되어야 하기 때문에 수직과 수평에 더 신경 써야 한다. 건물 맞은편 힐 스트리트(Hill Street)에 있는 버스 정류장에서 찍으면 좋은 구도가 나온다. 촬영하고 나서 사진 보정 어플을 이용해 손을 보면 더 좋은 사진을 얻을 수 있다.

교민이 그리워하는 맛 1위는?

음식의 천국 싱가포르에 살면 특별히 그리운 음식이 없을 거라고 생각하기 쉽다. 나도 그럴 줄 알았다. 하지만 몇 개월이 지나자 길거리에서 출출함을 달랬던 떡볶이와 어묵, 붕어빵 생각이 간절했다. 그나마 떡볶이와 어묵은 재료를 사서 해먹을 수 있었다. 한국 음식이 유명해진 덕에 냉동 떡볶이 떡과 어묵을 현지 마트에서 판다. 해결되지 않는 한 가지, 바로 깻잎이 문제였다.

우리 가족은 자주 고기를 구워 쌈을 싸 먹곤 했다. 상추는 비슷한 로메인 레터스가 있어서 그걸로 대체했지만, 깻잎은 구할 수가 없어 늘 아쉬웠다. 깻잎 특유의 향을 참 좋아하는 나는 고기를 깻잎에 싸 먹던 맛, 떡볶이에 깻잎을 뿌려 먹던 맛이 사무치게 그리웠다. 한국에서 친구가 온다고 할 때마다 혹은 남편이 한국에 출장을 다녀올 때마다 늘 깻잎을 열 봉지씩 부탁했다.

한번은 한국인 친구 집에 놀러 갔는데, 시부모님이 얼마 전 싱가포르에 오시면서 깻잎초절이를 싸 오셨다며 작은 밀폐용기에 덜어주었다. 나는 그것이 싱가포르에서 얼마나 귀한 줄 알기에 극구 사양했다. 손바닥만 한 밀폐용기가 친구 손과 내 손을 몇 번씩 오갔다. 실랑이를 벌이다가 둘 다 웃음이 터졌고, "이까짓 깻잎이 뭐라고 우리 이러고 있니?" 하고는 결국 고맙게 받아 왔다. 깻잎을 키우고 싶어도 씨를 들여오는 것이 불법이라, 깻잎은 교민들 사이에서 늘 귀한 대접을 받았다. 한국에서 깻잎을 넉넉히 공수 받아 지인들에게 한두 봉지라도 나눠 주면 그렇게 뿌듯할 수 없었고, 받는 사람도 아주 좋아했다.

싱가포르 외곽에 한국 물품을 온라인으로 주문받아 파는 업체가 있었는데, 한국 채소가 비행기로 입고되는 날이면 며칠 전부터 신경을 곤두세우고 있다가 주문해야 했다. 그렇지 않으면 금방 동나기 일쑤였다.

지금은 웬만한 로컬 마트에 깻잎이 들어와 있어 다 옛날이야기가 돼버렸지만 지금 생각해도 절로 미소가 지어지는 추억이다.

#4

역동적이고 화려한 싱가포르에
흠뻑 취하는 날

마리나 베이
마리나 베이 주변

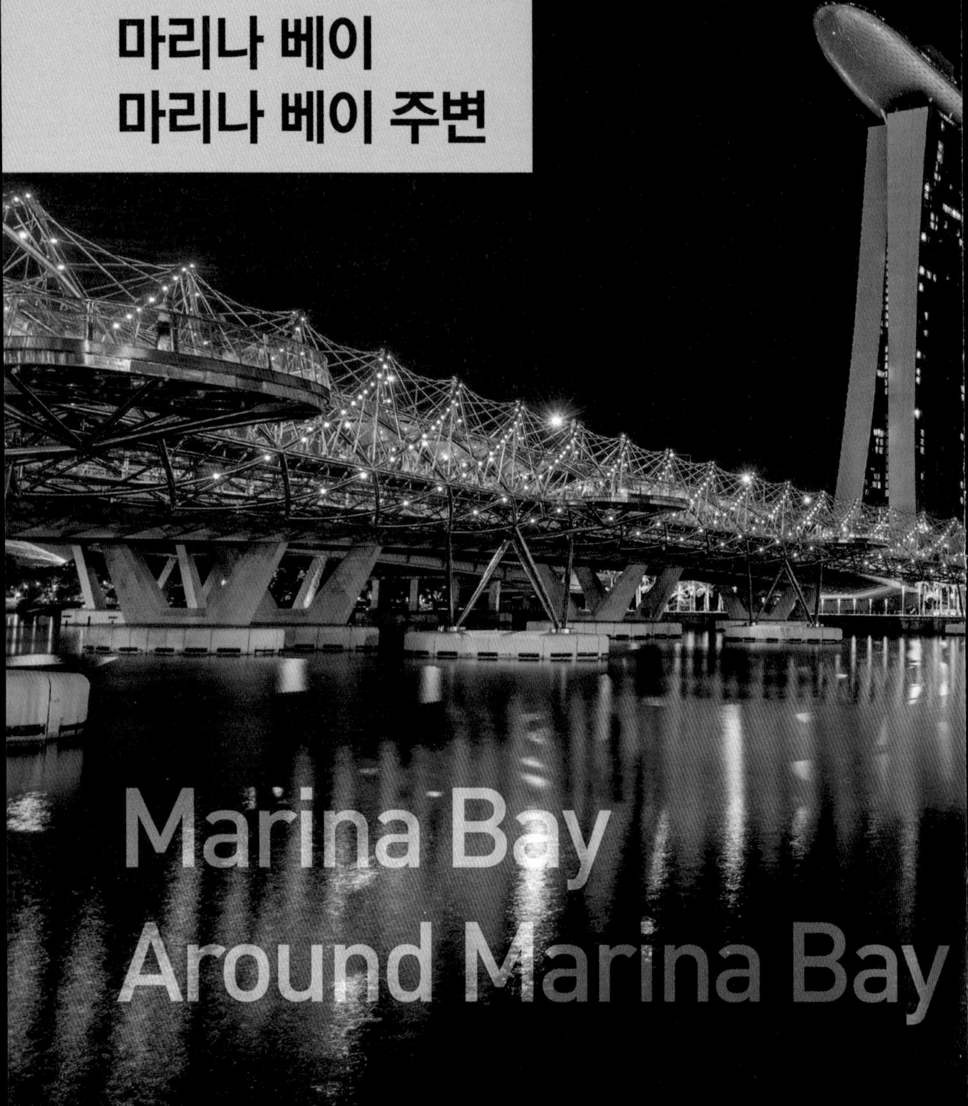

Marina Bay
Around Marina Bay

싱가포르에 처음 입국해 택시를 타고 가면서 창밖으로 마리나 베이 샌즈의 웅장한 자태를 보았다. 그때의 놀람과 설렘이 아직도 생생하다. 어떻게 저런 생각을 할 수 있을까? 보고 있는 것만으로도 상상력이 자극됐다.

세 개의 건물 위에 배를 올려놓은 모양의 마리나 베이 샌즈가 세상에 알려지자, 한동안 많은 매체와 SNS는 그야말로 세상에 없던 건축물의 등장으로 떠들썩했다. 싱가포르는 마리나 베이 샌즈 건설로 엄청난 경제적 이득을 얻고 국가 이미지도 한층 좋아지는 등 많은 효과를 거두었다.

정부 주도로 차근차근 개발되어온 덕에 마리나 베이 일대는 화려하면서도 정돈되어있다. 마리나 베이 샌즈를 중심으로 손가락을 형상화한 아트 사이언스 미술관, DNA 구조를 본 떠 디자인한 헬릭스 다리, 세계 최대 규모의 관람차 싱가포르 플라이어, 최고급 호텔 풀러턴, 쉴 새 없이 물을 뿜어대는 멀라이언 동상 그리고 고층 빌딩 숲이 마리나 베이에 사이좋게 자리 잡고 있다. 마리나 베이를 부지런히 휘젓고 다니는 싱가포르 크루즈도 작고 낡았지만 의외로 잘 어울린다.

마리나 베이는 가장 아름다운 모습으로 인생 최고의 날인 결혼식에 임하는 커플 같다. 싱가포르의 매력은 곳곳에 있지만, 특히 마리나 베이에서는 숨 막히게 멋지고 아름다운 싱가포르의 모습에 반할 준비를 해야 한다.

마리나 베이 주변의 마리나 댐, 해양 박물관, 세계에서 가장 높은 브루어리 레벨 33에서 바라보는 색다른 전망, 싱가포르 이곳저곳을 촘촘하게 누비는 2층 버스 투어는 마리나 베이 여행을 더 풍성하게 만든다.

마리나 베이

Marina Bay

추천 코스 도보

마리나 베이 샌즈 전망대 > 아트 사이언스 미술관 > 싱가포르 리버 크루즈 > 팜비치 또는 클리포드 피어 > 스펙트라 쇼 관람 > 랜턴

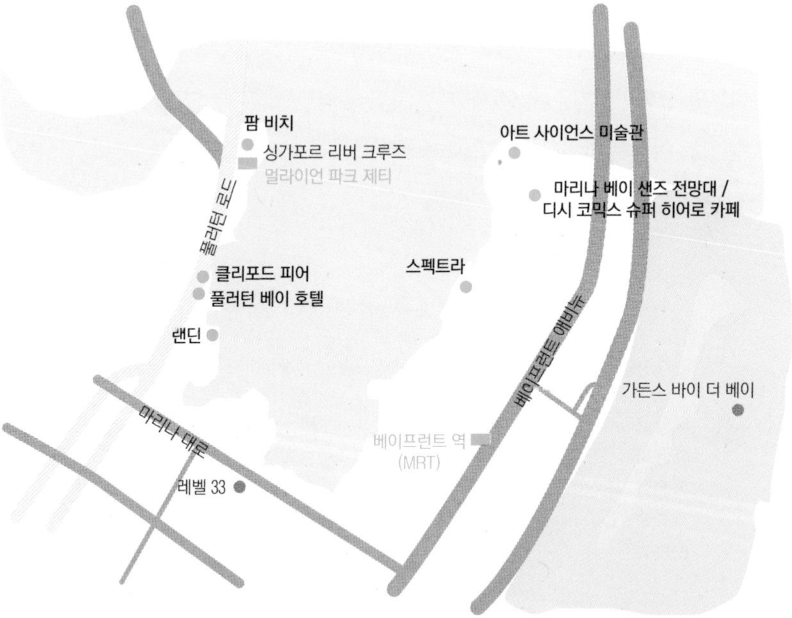

57층에서 바라보는 환상적인 광경

마리나 베이 샌즈 전망대 Marina Bay Sands Observation Deck

마리나 베이 샌즈 꼭대기의 배는 200m 높이로 길이가 300m에 달한다. 전망대, 수영장, 음식점이 들어서 있는데, 수영장은 호텔 투숙객만 이용할 수 있다. 전망대는 배 앞쪽에 있다. 이곳에서 보는 광경은 실제 모습이라고 믿을 수 없을 만큼 아름답다.

전망대에서 가까이 보이는 마리나 베이 지역은 정돈된 고층 빌딩 숲과 올드 시티의 고풍스러운 옛 건물들이 조화롭게 어우러져있다. 날이 어두워지면 화려한 조명 덕에 분위기가 더 환상적이다. 인공 정원인 가든스 바이 더 베이(Gardens by the Bay)의 슈퍼 트리와 독특한 디자인의 유리 온실도 빼놓지 말고 담아둬야 할 볼거리다. 가든스 바이 더 베이 뒤로 보이는 수많은 선박들도 인상적이다. 작은 도시국가인 싱가포르가 세계적인 물류 허브임을 확인시켜준다. 전체를 한 바퀴 돌면서 막힌 데 없이 경치를 볼 수 있는 이곳은 마리나 베이 일대를 둘러보기에 최상의 조건이다.

Info

주소 10 bayfront avenue 018956(호텔 타워 3 입구)
영업시간 월~목 09:30~22:00, 금~일 09:30~23:00
가격 전망대 관람권 어른 S$23, 아이(2세~12세) S$17 / 셀라비 바우처 S$20

Plus

디시 코믹스 슈퍼 히어로즈 카페 DC Comics Super Heroes Cafe

슈퍼 히어로즈 테마 카페로 관련 제품과 음식이 다양한 만큼 값은 다소 비싼 편이다. 입구에 완성도 높은 대형 피규어들이 있어 함께 사진을 찍거나 구경하는 것만으로도 즐겁다.

주소 2 bayfront avenue L1-03 bay level the shoppes at marina bay sands 018972

전망대 한편에 자리한 셀라비(Ce La Vi)에서 조금 더 특별한 시간을 갖는 것도 좋다. 셀라비는 스카이 바, 음식점, 클럽 라운지를 갖췄는데, 들어가려면 호텔 1층에서 셀라비 바우처를 사야 한다.

1

2

1 마리나 베이 전망대에서 바라본 마리나 베이 풍경. 가운데에 내셔널 갤러리가 보인다. **2** 전망대 한편에 자리한 셀라비.

일부러 찾아 봐야 할 무료 웰 메이드 쇼

스펙트라 쇼 Spectra Show

새로운 차원의 빛과 물이 만들어내는 환상적인 쇼다. 최고의 기술과 예술성을 총동원해 만든 웰 메이드 쇼로, 설치와 쇼 제작에만 2년을 들이고 2017년 6월에 론칭했다.

영상은 혼재된 역사와 문화적 배경을 딛고 화합하는 싱가포르, 더 나은 미래의 꿈을 안고 달려가는 싱가포르의 이미지들을 크게 네 개의 장면으로 나누어 보여준다. 특수조명 효과, 쇼를 위해 맞춤 제작한 오케스트라 사운드트랙, 다양한 모양을 만들어내는 첨단 분수 기술은 쇼가 진행되는 15분 내내 모두를 숨죽이게 한다. 쇼의 스케일이 엄청나지만, 다양한 빛이 대형 프리즘 위에 연한 수채화처럼 펼쳐지는 등 섬세한 영상미도 놓치지 않는다. 웅장한 음악과 함께 화려함의 극치를 보여주는 마지막 장면은 특히 잊지 못할 명장면이다.

분수대 앞뿐 아니라 옆과 뒤까지 고출력 스피커가 설치되어있고, 빛과 분수가 12m 높이의 프리즘 위로 높고 넓게 솟아오르는 덕분에, 쇼가 펼쳐지는 이벤트 플라자 어디에 자리를 잡더라도 멋진 쇼를 즐길 수 있다. 쇼는 호주를 기반으로 활동하는 디자인 에이전시와 함께 만들었고, 음악은 싱가포르 출신의 유명 작곡가 켄 시가 맡았다.

Info
주소 2 bayfront avenue 018972(이벤트 플라자)
공연시간 일~목 20:00, 21:00, 금~토 20:00, 21:00, 22:00
관람료 무료

스펙트라 쇼의 피날레. 빛과 물의 조화가 환상적이다.

예술, 과학 그리고 대중성까지 갖춘 전시

아트 사이언스 미술관 Art Science Museum

열 손가락을 형상화한 미술관의 특별한 디자인은 마리나 베이를 찾는 모든 이들의 눈길을 사로잡는다. 독특한 디자인만큼 미술관이 추구하는 전시 콘셉트도 색다르다. 창조성, 호기심, 영감, 표현, 상상력 같은 인간의 능력을 최대한 끌어올리기 위해 예술과 과학이 적절하게 혼합된 전시다. 지역 특성을 고려해 대중성도 놓치지 않는다.

현재 상설 전시하고 있는 '퓨처 월드(Future World)'도 '예술과 과학의 만남'이라는 부제를 가지고 있다. 예술, 과학, 기술, 창의성이 조화를 이루는 작품을 만드는 일본의 크리에이티브 그룹 팀랩의 작품이다. 최첨단 디지털 설치물을 통해 양방향 체험을 할 수 있고, 상설 전시지만 정기적으로 설치물을 바꾸고 발전시켜 여러 번 와도 지루하지 않다.

매주 금요일에는 어른 입장권 한 매당 12세 미만 어린이 네 명까지 무료 동반이 가능하다. 아이와 함께 여행하는 가족이 이용할 만하다.

Info

주소 6 bayfront avenue 018974

관람시간 10:00~19:00

관람료 어른 S$17, 아이 S$12 / 두 가지 전시를 함께 볼 경우 어른 S$28, 아이 S$19

Plus

해양 박물관 Maritime Gallery

싱가포르의 해양산업을 소개하는 박물관으로, 콘텐츠가 알차고 옥상 정원에서 보는 전망도 기대 이상이다. 마리나 사우스 피어(Marina South Pier) 역 B번 출구 바로 옆에 있다.

주소 31 marina coastal drive marina south pier level2 018988

열 손가락을 형상화한 디자인이 눈
길을 끄는 아트 사이언스 미술관.

마리나 베이를 꼼꼼하게 그러나 빠르게 즐기는 방법

싱가포르 리버 크루즈 Singapore River Cruise

웅장한 마리나 베이 샌즈에 반해 정신없이 셔터를 누르다 보면 강 위를 유유히 지나는 싱가포르 리버 크루즈를 볼 수 있다. 싱가포르 리버 크루즈는 약 40분간 마리나 베이에서 클라크 키를 지나 보트 키까지 한 바퀴 도는 유람선이다. 화려하지 않아도 작고 낡은 배 안에는 늘 싱가포르의 강을 즐기려는 사람들로 꽉 찬다.

리버 크루즈 위에서 선선한 강바람을 맞으며 여유 있게 강변을 바라보는 느낌은 또 다르다. 먼저 쉴 새 없이 물을 뿜어대는 멀라이언(Merlion) 동상과 보고 있으면 언제나 가슴 설레는 마리나 베이 샌즈가 눈길을 사로잡는다. 그뿐 아니라 복합 문화센터 에스플러네이드(Esplanade)와 독특한 디자인의 헬릭스 다리(Helix Bridge) 등 주요 건축물과 다양한 박물관을 죽 둘러볼 수 있다. 마치 잘 요약된 참고서를 빠르게 훑어보는 느낌이다.

주요 지점을 지날 때마다 역사나 관련된 이야기가 선내에 방송되고, 선장은 배를 잠시 육지 가까이 붙여 이해를 돕는다. 리버 크루즈를 타면서 마음에 드는 곳이 나오면 다음 날 일정에 넣어도 좋다. 햇볕이 따가운 낮보다는 강바람이 제법 시원한 초저녁 이후에 타기를 권한다.

* 제티(Jetty) 부두를 뜻하는데 여기서는 리버 크루즈 정류장을 말한다.

Info
영업시간 09:00~23:00(운행 간격 15분, 마지막 탑승 22:30경)
탑승료 어른 S$25, 아이 S$15 / 스펙트라 쇼를 하는 시간(19:30분, 20:30) 어른 S$38, 아이 S$22

마리나 베이 지역에서는 헬릭스 다리 근처의 베이프런트 사우스 ※제티(Bayfront South Jetty), 멀라이언 동상 근처의 멀라이언 파크 제티(Merlion Park Jetty), 에스플러네이드 제티(Esplanade Jetty)에서 리버 크루즈를 타고 내릴 수 있다. 그 밖에 클라크 키와 보트 키에도 제티가 있다. 단, 한 번 내리면 다시 탈 수는 없다.

1 멀라이언 제티를 떠나는 리버 크루즈. 마리나 베이에는 멀라이언 제티 외에 두 개의 제티가 더 있다. **2** 제티 옆에 있는 싱가포르 리버 크루즈 매표소.

맛있는 칠리 크랩과 편리한 동선

팜 비치 Palm Beach

멀라이언 공원 근처에 있는 해산물 전문 음식점으로 환한 조명과 군더더기 없는 인테리어가 돋보인다. 실내에는 둥글고 넉넉한 회전 테이블이, 야외에는 시원한 바닷바람을 맞으며 편안하게 식사할 수 있는 자리가 마련되어있다. 음식 값이 조금 부담스럽긴 하지만, 이곳의 대표 요리인 칠리 크랩을 맛보는 일은 괜찮은 선택이다. 이스트 코스트나 클라크 키에 있는 칠리 크랩 전문점에 가려면 교통비와 시간이 들기 때문이다.

1956년에 설립된 팜 비치는 60년 동안 미슐랭 가이드, 싱가포르관광청, 각종 미식 사이트와 매체에서 선정하는 다양한 타이틀을 섭렵하며 최고의 음식점 자리를 지켜왔다. 가족이나 친구와의 모임도 많이 갖지만, 위치가 좋고 분위기가 고급스러운 데다 직원들 서비스도 체계적이라 중요한 비즈니스 미팅도 많이 하는 곳이다.

Info

주소 1 fullerton road #01-09 one fullerton 049213

영업시간 12:00~14:30, 17:30~22:30

가격 1.6kg 크랩 S$125(시기에 따라 바뀔 수 있다.), 골든 아몬드 새우(Golden Almond Prawn) S$20

1 팜 비치 입구. 한눈에 봐도 분위기가 고급스럽다. **2·3** 팜 비치의 대표 메뉴, 칠리 크랩과 골든 아몬드 새우. 이 밖에도 사이드 메뉴가 다양하다.

호텔 식사 그 이상의 특별한 경험

클리포드 피어 Clifford Pier

풀러턴 베이 호텔(The Fullerton Bay Hotel) 1층에 있는 음식점이자 티 룸이다. 초기 이민자들이 정착한 클리포드 피어 부두의 시설들을 살려 리노베이션한 곳으로, 이름도 선조들의 숨결이 살아있는 부두의 이름을 가져왔다. 예전 모습을 그대로 살린 아치형 장식이 천장을 감싸고, 높은 천장에 어울리는 품격 있는 샹들리에와 앤티크한 소품, 풍성한 생화가 있는 고급스러운 분위기다. 이런 곳에서 여유 있게 식사하는 근사한 경험도 한 번쯤은 해볼 만하다.

클리포드 피어는 고급 호텔임에도 로컬 음식을 기본으로 하는 단품 메뉴와 다양한 코스 메뉴, 애프터눈 티가 준비되어있다. 예산에 맞게 즐기면 된다. 고급스러운 분위기에 걸맞게 직원들도 친절하다.

Info

주소 80 collyer quay the fullerton bay hotel 049326

영업시간 싱가포르 헤리티지 애프터눈 티 토, 공휴일 15:00~17:00 일요일 15:30~17:30 헤리티지 딤섬 브런치 월~금, 공휴일 11:00~14:00

가격 주중 점심 세트 2코스 S$38 정도, 싱가포르 헤리티지 애프터눈 티 S$55 정도

1·2 고급스러운 분위기의 클리포드 피어. 예전에 부두 시설이었던 아치를 그대로 살린 인테리어가 특징이다.

저층이라 더 매력적인 루프톱 바

랜턴 Lantern

특급 호텔 루프톱 바 하면 고층 건물 옥상에 있을 거라고 생각하기 쉽지만, 랜턴은 풀러턴 베이 호텔 5층에 있는 루프톱 바다. 마리나 베이 샌즈를 가까이에서 보기 때문에 생동감과 위엄이 그대로 느껴진다. 주변에 시야를 가리는 장애물이 없고 큰 수영장이 바 한가운데에 있는 점도 다른 바와 차별화된다. 바 이름은 클리포드 피어 부두의 별명에서 따왔다. 싱가포르 초기 이주민들은 클리포드 피어 부두에서 빨간 랜턴을 많이 사용했다. 자연스럽게 클리포드 피어 부두는 '빨간 랜턴(Red Lantern)'이라는 별명을 가지게 되었다.

랜턴에 앉아 마리나 베이에서 불어오는 미풍을 느끼며 한껏 분위기에 취해있다 보면 모든 고민이 거짓말처럼 사라진다. 곳곳에 놓인 둥근 라탄 소파와 푹신한 쿠션, 빈티지한 나무 천막 속의 칵테일 바, 은은한 조명의 수영장은 보는 것만으로도 기분이 좋아진다. 이른 아침부터 영업하며 술 외에 샐러드, 파스타, 피자, 샌드위치 등 다양한 식사 메뉴가 마련되어있다.

Info

주소 80 collyer quay the fullerton bay hotel 049326

영업시간 일~목 08:00~01:00, 금 · 토 · 공휴일 전날 08:00~2:00(해피 아워 11:00~18:00)

가격 점심 샌드위치 S$26, 클래식 모히토(Classic Mojito) S$24

루프톱 바, 랜턴의 야경. 가운데에 큰 수영장이 있고,
멀리 마리아 베이 샌즈가 보인다.

마리나 베이 주변

Around Marina Bay

추천 코스 대중교통 이용

마칸수트라 글루턴스 베이 또는 더 갤러리 › 가든스 바이 더 베이 › 마리나 댐 › 싱가포르해양 박물관 › 레벨 33

세상에서 가장 높은 브루어리

레벨 33 Level 33

아시아의 비즈니스 중심지인 마리나 베이 파이낸셜 센터(Marina Bay Financial Center) 33층에 있는 레벨 33은 세계에서 가장 높은 곳에 있는 브루어리(Brewery)다. 마리나 베이가 한 눈에 들어오는 루프톱 라운지에서 수제 맥주와 다양한 음식을 즐길 수 있다.

다양한 맥주를 조금씩 맛보고 싶다면 다섯 가지 맥주를 100mL씩 시음할 수 있는 비어 테이스팅 패들(Beer Tasting Paddle)을 추천한다. 음식은 감자칩, 타코 등 가벼운 맥주 안주부터 생선, 양고기 스테이크까지 다양하다. 모든 메뉴에 그 음식과 어울리는 맥주가 표시되어있어 주문할 때 참고하면 좋다.

이곳은 서서 가볍게 맥주를 마시는 공간, 앉아서 오랜 시간 식사와 함께 즐길 수 있는 공간, 통유리 바깥에 마련된 테라스 등 다양한 콘셉트의 공간이 마련되어있다. 점심시간에는 이규제큐티브 세트 런치(Executive Set Lunch)를 제공하는데, 주 요리인 소고기 버거나 생선 요리 외에 신선한 샐러드와 파스타 등 주 요리 못지않게 충실한 뷔페도 준비되어있다.

Info
주소 8 marina boulevard #33-01 marina bay financial center tower1 018981
영업시간 월~목 11:30~24:00, 금 · 토 · 공휴일 전날 11:30~02:00, 일 12:00~24:00
가격 이규제큐티브 세트 런치 S$42 정도, 비어 테이스팅 패들 S$20 정도(저녁 8시까지는 약 S$10에 맥주 한 잔을 주문할 수 있다.)

1

1 레벨 33 내부. 거대한 양조 시설이 눈길을 끈다. 2 다양한 맥주를 맛볼 수 있는 비어 테이스팅 패들.

2

인공 자연의 한계를 뛰어넘는 아름다움

가든스 바이 더 베이 Gardens by the Bay

30만 평이 넘는 매립지에 세워진 거대한 인공 나무 슈퍼트리, 아름다운 곡선이 돋보이는 세계 최대 규모의 유리 온실 정원 플라워 돔(Flower Dome)과 클라우드 포레스트(Cloud Forest), 드래곤플라이 & 킹피셔 레이크(Dragonfly & Kingfisher Lake) 등으로 이루어진 가든스 바이 더 베이는 철저히 인공으로 만들어졌지만 아이러니하게도 자연친화적이다.

최대 16층 높이의 슈퍼트리에는 다양한 식물이 촘촘하게 심어져있고, 플라워 돔은 지중해 식물로만 꾸며놓았다. 클라우드 포레스트는 해발 2,000m의 열대 고랭지에서만 자라는 식물과 세계 최고의 실내 폭포가 눈길을 사로잡을 뿐 아니라, 온실 꼭대기에서 나선형 내리막길을 따라 내려오며 감상하는 일은 쉽게 할 수 없는 독특한 경험이다.

슈퍼트리와 유리 온실 정원을 둘러보는 데 열중하다 보면 놓치기 쉽지만, 마리나 베이 샌즈에서 다리를 건너면 바로 만날 수 있는 드래곤플라이 & 킹피셔 레이크는 수중 생태 공원으로 이름을 날리고 있다. 바로 옆 마리나 댐에서 퍼 올린 물을 정화하는 친환경 여과장치 역할을 한다. 400m의 탁 트인 호숫가 보드워크도 파란 하늘과 맞닿아있어 사진 찍기 좋은 명소로

Info
주소 18 marina gardens drive 018953
영업시간 플라워 돔 · 클라우드 포레스트 09:00~21:00 / 가든 랩소디 쇼 19:45, 20:45
가격 플라워 돔과 클라우드 포레스트 어른 S$28, 아이 S$15(할인 티켓은 P.266 참고)

꼽힌다.

해가 지면 가든스 바이 더 베이를 더 화려하게 물들이는 가든 랩소디 쇼(Garden Rhapsody Show)도 빼놓기 아쉽다. 높은 슈퍼트리의 조명과 음악이 만나 펼쳐지는 쇼인 만큼 누워서 봐야 제 맛이라는 소문이 퍼져, 쇼가 펼쳐질 때가 가까워지면 자리 잡기가 쉽지 않다. 빌딩 숲으로 뒤덮인 마리나 베이에서 많은 사랑을 받는 쇼다.

1

2

1 마리나 베이 샌즈에서 가든스 바이 더 베이로 이어지는 다리를 건너면 만날 수 있는 수중 생태 공원. **2** 유리 온실 둘레를 산책하는 것도 이곳을 즐기는 좋은 방법이다.

도시 한복판의 다목적 댐이자 시민들의 휴식처

마리나 댐 Marina Barrage

더운 날씨에 열심히 이곳저곳 둘러보느라 지친 여행자에게 이곳은 정말 휴식 같은 장소다. 아홉 개의 수문이 있는 마리나 댐은 도심의 첫 저수지로, 싱가포르 전체 물 수요의 10%를 공급하는 동시에 홍수를 막는 역할을 한다.

댐 꼭대기에는 공원이 있는데 막힌 곳 없이 탁 트여있어 가슴이 뻥 뚫리는 느낌이 든다. 연을 날리는 가족들, 친구들과 돗자리를 펴놓고 소풍을 즐기는 젊은이들, 웨딩 사진을 찍는 예비부부 등 어딜 보나 행복한 모습뿐이다.

댐 아래에 난 길은 맞은편의 가든스 바이 더 베이까지 이어져있어 조깅 코스로도 손색이 없다. 여행자가 즐길 수는 없지만, 마리나 저수지는 파도의 영향을 받지 않아 카약, 세일링, 드래곤 보트를 탈 수 있다. 눈부신 태양 아래 맑고 푸른 하늘을 만끽하고 싶다면 낮에, 인파에서 벗어나 한적하게 일몰을 보고 싶다면 해 지기 전에 간다.

Tip 마리나 댐에서 이동할 때는 콜택시를 불러야 한다. 댐 주변이 한적해 택시를 마냥 기다려도 오지 않을 때가 많다.

Info 주소 8 marina gardens drive 018951

1 마리나 댐 꼭대기에 있는 공원. 탁 트여있어 연을 날리거나 소풍을 즐기기 좋다. 2 댐에 필요한 여러 시설이 있는 건물.

해양 강국 싱가포르의 이모저모를 볼 수 있는

싱가포르 해양 박물관 Singapore Maritime Gallery

싱가포르 해양 박물관은 마리나베이역에서 MRT로 한 정거장 떨어진 곳에 위치한다. 사실 별 기대 없이 방문했는데 둘러보고 나니 싱가포르 해양 산업에 대해 쉽고 자세하게 소개되어 있어 놀라웠다.
해양 박물관은 싱가포르 해양 산업 개요, 시대별 변천사를 거쳐 싱가포르가 최고의 무역항으로 우뚝 서기까지의 여정으로 가득 차 있다. 실제 컨테이너와 대형 선박과 등대 모형들, 배를 직접 운전해볼 수 있는 시뮬레이터도 흥미롭다. 박물관을 둘러보며 싱가포르가 해양 산업에 사활을 걸고 정말 많은 노력을 해왔다는 절실함이 느껴졌다.
박물관 관람 자체만으로도 만족스러웠는데 또 다른 선물이 기다리고 있다. 박물관 위층에 자리한 루프가든에서는 탁 트인 싱가포르 해협이 눈앞에 펼쳐진다. 예상치 못하게 큰 선물이라도 받은 듯 놀라운 광경에 넋을 잃고 잠시 바다를 멍하니 바라보았다. 웨딩 촬영을 하는 예비 신혼부부와 놀이터에서 뛰어노는 아이들이 평화로운 루프가든의 분위기와 잘 어울렸다. 알찬 전시와 싱가포르 해협을 한눈에 볼 수 있는 해양 박물관, 버릴 것이 하나도 없는 최고의 여행지다.

Info

주소 31 marina coastal drive marina south pier level2 018988 (marina south pier역 출구B)
영업시간 화~일 09:00~18:00, 월요일 휴무
가격 무료

1·3 싱가포르 해양산업의 모든 역사를 둘러볼 수 있는 해양 박물관 전경 2 싱가포르 해양 박물관 외벽

2

싱가포르의 미슐랭 가이드, 마칸수트라가 인정한 맛집

마칸수트라 글루턴스 베이 호커 센터

Makansutra Gluttons Bay Hawker Center

싱가포르를 대표하는 복합 문화센터인 에스플러네이드에 갈 때 종종 이용했던 호커 센터다. 마리나 베이 샌즈와 에스플러네이드를 바라보며 여유 있게 음식을 기다리고, 시원한 강바람을 맞으며 꽤 운치 있게 식사할 수 있는 곳이다. 은은한 베이지 톤의 차양과 현수막도 여느 호커 센터와 달리 깔끔하다.

마칸수트라 글루턴스 베이 호커 센터가 특별한 데는 이유가 있다. 싱가포르의 미슐랭으로 불리는 마칸수트라가 선정한 최고의 맛집들이 입점해있기 때문이다. 마칸수트라는 20년 역사를 가진 싱가포르 최고의 음식 관련 기업으로 음식 콘테스트, 푸드 가이드북 발간, TV 콘텐츠 제작, 음식 관련 컨설팅, 거리 음식 회의 개최 등 음식에 관한 광범위한 사업을 펼친다. 마칸수트라의 시토 대표는 나산 대통령으로부터 음식 대사로 임명되기도 했다.

음식 맛은 대체로 평균 이상이다. 매콤한 삼발 소스를 끼얹은 생선 요리, 시원한 맥주나 달달한 과일 주스와 함께 먹는 시리얼 새우(Cereal Prawns), 오징어 볶음 요리도 맛있다. 칠리 크랩은 1조각 혹은 2조각을 판매해 가볍게 맛볼 수 있어 좋다. 식사시간에 딱 맞춰 가면 자리 잡기가 힘들 수 있으니 조금 일찍 도착하는 것이 좋다.

Info
주소 8 raffles avenue #01-15 039802
영업시간 월~목 17:00~02:00, 금 · 토 17:00~03:00, 일 16:00~01:00
가격 칠리 크랩 (중간크기) 1조각 S$ 30 시리얼 새우 작은 크기 S$17

1 마칸수트라 글루턴스 베이 호커 센터에는 최고의 맛집들이 입점해있다. 2 이곳에서는 칠리 크랩을 가볍게 1조각만 주문할 수 있어 혼밥도 제대로 즐길 수 있다.

재미와 실속 두 마리 토끼를 챙기는 방법

2층 버스 투어 2-Story Bus Tour

화려한 디자인의 2층 버스가 도심을 누비고 다니는 모습은 싱가포르 여행 중 자주 목격되는 장면이다. 지붕 없는 버스를 타는 일은 아이와 어른 모두를 설레게 한다. 실제로 타보면 시원한 바람을 맞으면서 싱가포르 이곳 저곳을 둘러보는 일이 생각보다 즐겁다.

싱가포르 2층 버스 투어는 두 개 업체에서 시장을 양분해 운행하고 있다. 두 업체 모두 호프온 호프오프(Hop-On Hop-Off) 방식, 즉 허용된 시간 동안 무제한으로 원하는 곳 어디에서든 내렸다 타는 방식으로 운행한다. 그러나 그냥 한번 타보기에는 가격이 만만치 않고 노선도 다양하기 때문에 전체적인 일정을 고려해 알차게 이용해야만 이중으로 새는 돈을 막을 수 있다.

2층 버스 투어 상품을 고를 때 고려할 점은 잘 짜인 시스템을 편안하게 누릴 것인가, 스스로 일정을 짜고 버스 투어의 일부만 저렴하게 이용할 것인

Tip 싱가포르항공 이용자의 경우 관광명소에 자유롭게 들어갈 수 있는 싱가포르 익스플로러 패스(Singapore Explorer Pass)가 있으면 2층 버스 투어의 일부 노선을 무료로 이용할 수 있다.(자세한 내용은 P.266 참고)

Plus **더 갤러리** The Gallerie

음식 맛보다는 통유리를 통해 마리나 베이 샌즈가 보이는 멋진 풍경이 더 기억나는 곳이다. 식사시간을 피해 가면 조용한 분위기에서 식사할 수 있다. 마리나 베이 근처에 있는 쇼핑몰, 마리나 스퀘어(Marina Square) 안에 있으며, 공간이 넓고 메뉴도 다양하다.

주소 6 raffles boulevard #04-101 039594

가이다. 여행을 누구와 함께 하는지도 중요하다. 어르신이나 아이와 여행을 한다면 덕 & 히포사의 싱가포르 세븐 호프온 호프오프 투어가 나을 수 있다. 혼자 여행하거나 체력에 자신 있는 여행자라면 시티투어스사의 펀비도 좋은 선택이 될 수 있다.

1 덕 & 히포사에서 운영하는 2층 버스. **2** 시티투어스에서 운영하는 2층 버스. **3·4** 덕 & 히포사의 버스 타는 곳과 매표소가 있는 선텍 덕 & 히포 허브.

• 2층 버스 투어 대표 상품

업체명	덕 & 히포(Duck & Hippo)	시티투어스(Citytours)
상품명	싱가포르 세븐 호프온 호프오프 투어(Singapore 7 Hop-on Hop-off Tour)	펀비(FunVee)
가격	어른 S$43, 아이 S$33 정도	어른 S$25, 아이 S$18 정도(온라인 구매 시 어른 S$23, 아이 S$17 정도)
노선 수	호프온 호프오프 노선 4개 + 셔틀 노선 3개(오픈 톱 버스)	호프온 호프오프 노선 3개(오픈 톱 버스)
세부 노선	1 **옐로 라인** 풀러턴 호텔, 클라크 키, 보타닉 가든스, 오차드 로드, 마리나 베이 등 2 **레드 라인** 리틀 인디아, 캄퐁 글램, 보트 키, 차이나타운, 마리나 베이 샌즈 쇼핑 센터 등 3 **블루 라인** 에스플러네이드, 내셔널 뮤지엄, 래플스 호텔 등 4 **브라운 라인** 클리포드 피어, 라오 파 삿, 티옹 바루, 대법원, 싱가포르 플라이어 등 5 **그린 라인** 싱가포르 플라이어, 마리나 베이 샌즈, 가든스 바이 더 베이, 리조트 월드 센토사 등 6 **사파리 라인 1** 싱가포르 동물원, 리버 사파리, 나이트 사파리 7 **사파리 라인 2** 주롱 새 공원	1 **그린 루트** 멀라이언 공원, 차이나타운, 보타닉 가든스, 오차드 로드와 탕린, 브라스 바사, 래플스 시티, 도비고트 등 2 **레드 루트** 마운트 파버 케이블카 스테이션, 유니버설 스튜디오 3 **오렌지 루트** 마리나 베이 샌즈, 가든스 바이 더 베이, 마리나 댐, 차이나타운, 리틀 인디아, 아랍 스트리트 등

업체명	덕 & 히포(Duck & Hippo)	시티투어스(Citytours)
장점	1 편비에 비해 노선이 길어 많은 곳을 돌아볼 수 있다. 2 시내와 동물원은 거리가 멀기 때문에 두 곳 사이를 이동할 경우 교통비가 꽤 든다. 시내와 동물원을 오가는 셔틀 노선을 잘 이용하면 교통비를 많이 줄일 수 있다. 3 버스 투어와 연계한 워킹 투어 코스도 마련되어있어, 일정을 미처 잡지 못한 여행자에게는 편리할 수 있다. 4 1일권은 표를 산 시각부터 24시간 사용할 수 있다.	1 가격 부담이 덜해 2층 버스 투어를 가볍게 경험해보려는 사람에게 유리하다. 노선은 짧지만, 동물원을 빼면 도심 대부분을 비슷한 코스로 운행한다. 2 온라인으로 예매하면 어른은 S$2, 아이는 S$1의 할인 혜택이 있다.
단점	노선이 다양하지만 선택의 폭이 많지 않다. 버스 투어만 할 게 아니면 가격 부담이 크다.	1일권은 표를 산 시각과 상관없이 당일에만 사용할 수 있다.
웹사이트	www.ducktours.com.sg  	www.citytours.sg 
판매처	**선텍 덕 & 히포 허브(Suntec DUCK & HIPPO Hub) 본점** 3 temasek boulevard suntec shopping mall #01-330 본점 외에 공항과 오차드, 비보시티, 차이나타운 등 주요 거점 10곳에 매표소가 있다.	**마리나 스퀘어점** City tourist hub@marina square shopping mall #01-207 **에스플러네이드점** Tourist hub@esplanade Xchange #B1-08

인생사진 남기는 팁스타그램

마리나 베이의 야경은 빛을 많이 담아서

마리나 댐 꼭대기에 있는 공원은 마리나 베이를 다른 각도에서 볼 수 있는 곳이다. 마리나 베이 샌즈와 가든스 바이 더 베이 산책로, 마리나 베이 근처 특급 호텔, 싱가포르 플라이어 등이 일렬로 늘어선 풍경이 새롭다.

공원에서 야경을 찍을 때는 셔터 스피드를 길게 두어 최대한 많은 빛을 담는 것이 포인트다. 조리개는 9 정도에 두면 적당하다. 삼각대가 있으면 가장 좋지만, 없어도 적당한 곳에 카메라를 올려놓고 찍으면 결과가 좋다.

사진이 흔들릴 땐 숨을 멈추고 찰칵!

풀러턴 베이 호텔 5층에 있는 루프톱 바, 랜턴은 엘리베이터에서 나오자마자 보이는 놀라운 풍경에 절로 탄성이 나온다. 자동으로 카메라를 들이대지만, 나중에 사진을 보면 전부 흔들려서 마음에 드는 사진을 한 장도 못 건질 때가 많다.

바에는 여러 곳에 조명이 있어 팔꿈치를 최대한 몸에 바짝 붙이고 카메라를 잘 감싸야 한다. 숨을 들이쉬었다가 반쯤 내쉰 뒤 잠시 숨을 참고 셔터를 누르면 또렷한 사진을 얻을 수 있다. 주의할 점은 같은 장면을 여러 번 찍는 것이다. 잘 찍힌 것 같아도 나중에 보면 흔들린 경우가 많기 때문이다. 여러 번 찍다 보면 흔들리지 않은 사진이 한두 장 나온다.

싱가포르의 국어는 싱글리시다?

SINGLISH FUN

- **Can ah?** - Can you or can't you?
- **Can lah** - Yes.
- **Can leh** - Yes. Of course.
- **Can lor** - Yes, I think so.
- **Can hah?** - Are you sure?
- **Can hor** - You are sure then...
- **Can meh?** - Are you certain?

싱가포르에서는 잉글리시가 아닌 싱글리시를 쓴다는 얘기가 있다. 싱가포르 국민의 70% 이상이 중국계다 보니, 공용어가 영어긴 해도 흔히 듣는 영어 발음과는 어딘지 모르게 조금 다르다.

싱글리시는 중국어 특유의 억양과 된소리가 섞인 발음이 특징이다. 예를 들면 '아이 톡 투 유(I talked to you)'를 '아이 똑 투 유'로 발음하는 식이다. 별 뜻 없이 문장 끝에 라(lah)나 야(ya)를 붙여 '오케이 라(O.K. lah)' 혹은 '쏘리 야(Sorry ya)'로 말하는 경우도 흔하다. 주어 아이(I)도 붙이지 않는다. 이 표현들은 로컬 음식점이나 시장, 택시에서 들을 수 있을 것이다.

영어의 문법을 무시하고 실용성을 앞세운 표현도 있다. 예를 들어 필요 없다고 할 때 '노 니'라는 말을 흔하게 쓴다. '필요 없어요(I don't need)'에서 주어와 동사가 빠지고 낫(not) 대신 노(no)가 들어가 노 니드(no need)'로 변하고, 그마저도 드(d) 발음이 빠져 '노 니(no nee)'가 된 것이다. 싱가포르는 마트에서 물건을 살 때 비닐봉투를 너무 많이 주는 경향이 있다. 거의 봉투 하나에 물건 하나를 담아 줄 정도라 낭비를 막기 위해 늘 마트에서 '노 니'라고 말했던 기억이 있다. 음식점에서 유료인데도 말해주지 않고 슬그머니 제공하는 물수건이나 차를 거절할 때도 유용한 표현이다.

뭔가를 해줄 수 있다거나 약속을 정할 때 앞뒤 문장을 모두 빼고 '캔(can)' 혹은 '캐 낫(ca not)'으로만 답하는 습관도 빼놓을 수 없다. 긍정적으로 답할 때는 강조해서 말하다 보니 '캔'을 두세 번 연달아 말하는 경우도 많다. 안 된다고 할 때는 '캔 낫(can not)'도 아니고 '캐 낫(ca not)'으로 발음한다.

하지만 싱글리시를 사용한다고 싱가포리언들의 영어 실력을 혹시라도 폄하한다면 섣부른 오해다. 싱가포리언 특히 젊은이들은 싱글리시를 일종의 사투리처럼 쓰다가도 공식적인 자리에서는 대부분 완벽한 영어를 구사한다.

#5

다양하고 이국적인
문화 예술 여행

올드 시티
차이나타운
아랍 스트리트

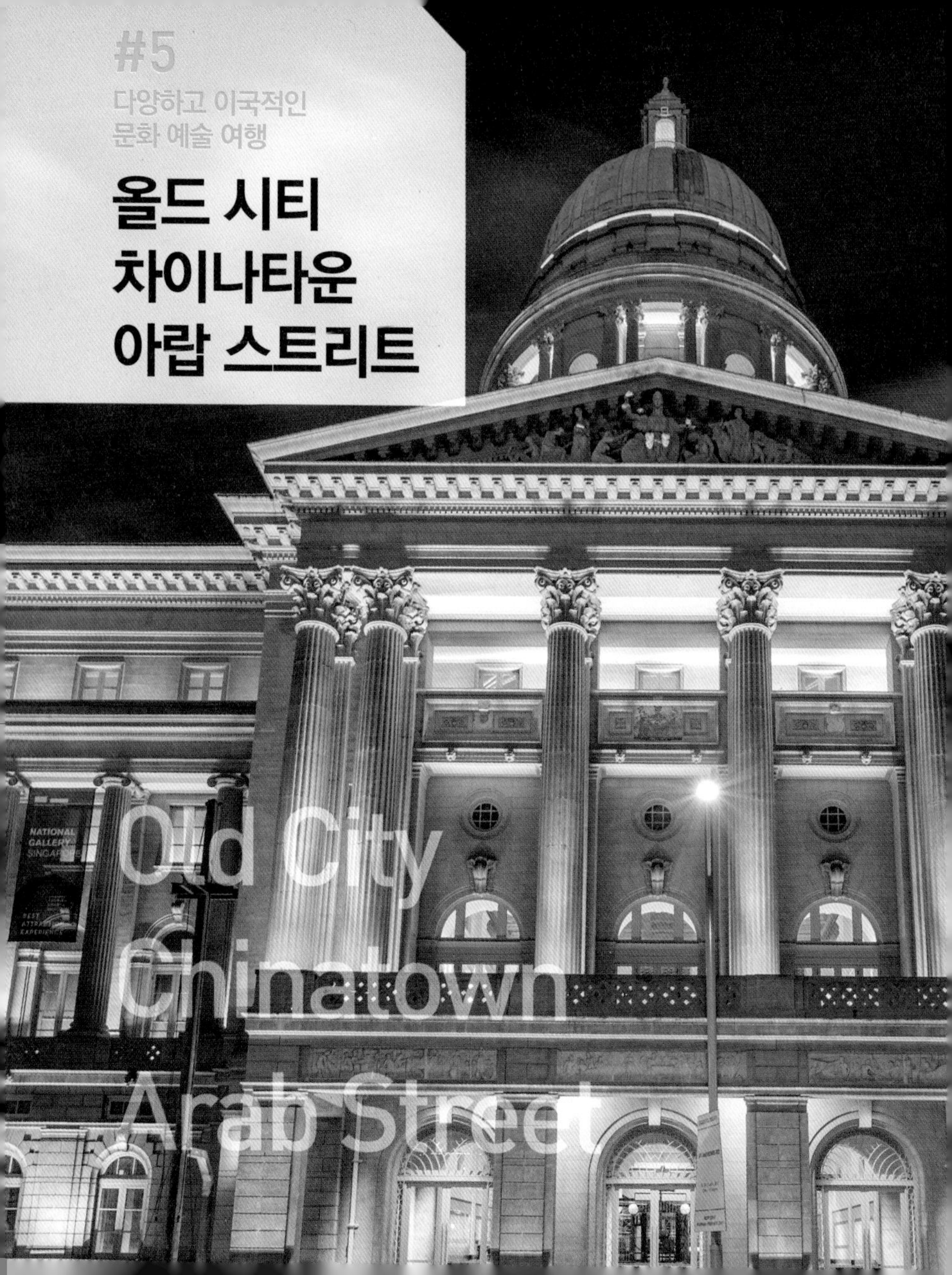

Old City
Chinatown
Arab Street

전에는 싱가포르에 대해 그저 역사가 짧은 신생 국가 정도로만 생각했다. 알고 보니 싱가포르는 부침이 심했던 나라다. 영국과 일본의 식민 통치하에 힘든 시기를 보냈고, 말레이시아 연방에서도 쫓겨나다시피 분리되었다. 16세기와 17세기에는 포르투갈과 네덜란드의 지배를 잇달아 받기도 해, 미래에 대해 낙관적인 평가를 받지 못했다. 국토도 작고 특별한 자원도 없는 나라가 이런 역사를 딛고 오늘날과 같은 발전을 이루었다는 건 기적에 가깝다.

올드 시티에는 싱가포르의 역사를 그대로 보여주는 유럽풍 건물들이 아직도 많이 남아있다. 학교, 대법원, 수도원 등으로 쓰였던 건물이 지금은 박물관, 호텔, 공연장, 음식점 등 싱가포르를 대표하는 명소로 바뀌었다. 올드 시티는 어느덧 싱가포르 최고의 문화유산 여행 코스로 손색없는 지역이 되었다.

1819년 래플스 경이 싱가포르를 무역항으로 개발하면서 수많은 이민자들이 유입되었고, 이를 계기로 싱가포르는 다문화, 다민족 국가가 되었다. 각 문화를 대표하는 건축물, 음식점 등이 어우러져있어, 짧은 시간에 다양한 문화를 접할 수 있다는 점이 싱가포르 여행의 최대 장점이다.

특히 아랍 스트리트에 있는 술탄 모스크는 싱가포르에 있는 80여 개의 이슬람 사원 중 규모 면에서나 건축물의 가치 면에서나 최고 수준을 자랑한다. 차이나타운과 리틀 인디아 곳곳에 자리한 불교와 힌두교 사원들, 알록달록한 건물들, 활기찬 상인들의 모습도 인상적이다.

올드 시티

Old City

추천 코스 도보, 싱가포르 아트 미술관으로 갈 때는 대중교통 이용

빅토리아 극장과 콘서트홀 > 내셔널 갤러리 > 스모크 앤드 미러 > 세인트 앤드루 성당 > 남남 또는 잔 > 싱가포르 아트 미술관 > 싱가포르 국립 미술관 > 제니스 웡 > 페라나칸 박물관 > 차임스

도심 한가운데에 자리한 유서 깊은 대성당

세인트 앤드루 성당 St Andrew's Cathedral

싱가포르에서 가장 크고 가장 오래된, 영국 성공회 교도의 예배 장소다. 두 번이나 번개를 맞아 파괴된 원래의 예배당을 대체하기 위해 1856년에 설계한 영국 고딕 양식 건물로, 스코틀랜드 상인들이 초기 공사 자금을 지원했기 때문에 스코틀랜드의 수호성인 이름을 땄다. 당시 인도 죄수들이 노동자로 참여했고, 2차 세계대전 중에는 응급 의료시설로 쓰이기도 했다. 1973년에 국립 기념물로 지정된 유서 깊은 건물이다.

세인트 앤드루 성당은 지금도 활발히 사용되고 있지만, 미사가 없는 평일에는 해 질 무렵에 문을 닫는다. 내부를 둘러보거나 사진을 찍고 싶다면 그 전에 도착해야 한다. 밖에서 바라보는 성당은 키 큰 나무와 높은 철망 울타리로 둘러 쌓여있다. 다소 가려지긴 하지만 해가 지고 성당 문이 닫혀도 은은한 조명을 받아 여전히 화려한 자태를 뽐낸다.

Info
주소 11 st andrew's road 178959
개방시간 월~토 09:00~18:00(일요일은 미사가 있다.)

세인트 앤드루 성당 내부. 화려한 스테인드글라스와
높은 천장이 성스럽고 고요한 분위기를 만든다.

고풍스러운 분위기의 유럽풍 극장

빅토리아 극장과 콘서트홀 Victoria Theatre and Concert Hall

빅토리아 극장과 콘서트홀은 1862년에 마을회관으로 지어졌으나 활용되지 못하다가, 1901년 빅토리아 여왕이 사망한 후 여왕을 위한 기념관으로 사용되었다. 1979년에 지금의 이름으로 개명했으며, 2015년 초 4년간의 리노베이션을 마치고 재개관했다. 극장 좌석 614개, 콘서트홀 좌석 673개의 중극장 규모로, 외부와 내부 모두 클래식한 팔라디오 건축 양식이라 보고 있으면 마치 유럽 어딘가에 있는 듯한 기분이 든다.

극장 전면에는 파이프오르간을 설치했다. 보기에 압도적일 뿐 아니라, 극장이 크지 않아 오르간을 연주하면 깊은 음색이 구석구석을 꽉 채운다. 건축물의 아름다움 못지않게 공연장의 음향시설과 좌석 설계에도 공을 많이 들였다. 고풍스러운 공연장 분위기도 공연의 감동을 배가시킨다.

클래식 공연, 어린이 공연, 무용 공연 등 양질의 다양한 공연이 수시로 열리니 관람 기회를 한번 가져보는 것도 좋다.

Info

주소 9 empress place 179556

영업시간 10:00~21:00

1 중앙의 시계탑과 양옆의 원형 기둥이 돋보이는 빅토리아 극장과 콘서트홀. **2** 천장의 통유리가 클래식한 분위기에 현대적인 느낌을 더한다. **3** 극장 로비 유리에 새겨진 로고.

싱가포르 현대사와 함께하는 동남아시아 미술

내셔널 갤러리 National Gallery

거대한 위용을 자랑하는 내셔널 갤러리는 1929년 처음 지어졌을 당시 대법원, 시청 건물로 사용되어 많은 정부기관의 공무원들이 근무했던 곳이다. 또한 일본의 지배를 받았던 싱가포르 정부가 1945년 일본의 항복을 공식 선언하는 등 싱가포르 현대사를 고스란히 담고 있다.

이곳은 외관부터 웅장함과 기품이 느껴진다. 본래의 건물을 대부분 복원하고 입구 부분만 모던한 디자인을 적용해 새로운 느낌을 더했다. 시원하게 뚫린 로비와 두 건물을 잇는 다리도 인상적이다. 왼쪽 건물은 슈프림 코트 윙(Supreme Court Wing)이고, 오른쪽 건물은 시티 홀 윙(City Hall Wing)이다.

총 10여 개의 전시실이 있는데, 슈프림 코트 윙 1층에 있는 예전 대법원 사무실과 법정 그리고 4M(4층과 5층 사이) 슈프림 코트 테라스(Supreme Court Terrace)에 있는 실내 돔이 무척 인상적이다. 시티 홀 윙 1층에는 어린이 미술관 케펠 센터(Keppel Center)가 있고, 6층 옥상에는 루프 가든 갤

Info
주소 1 st.andrew's road 178957
관람시간 토~목 10:00~19:00, 금 10:00~21:00
관람료 어른 S$20, 아이(7~15세) S$15(특별전은 별도의 요금이 있다.)

Plus
스모크 앤드 미러 Smoke and Mirrors
내셔널 갤러리 옥상에 있는 바로, 마리나 베이와 주변 올드 시티의 건축물들이 한눈에 들어오는 전망이 그만이다. 탁 트인 전망으로 루프톱 바의 판도를 바꾼 핫 플레이스다.

러리(Roof Garden Gallery)가 있어 야외에서도 작품을 감상할 수 있다. 내셔널 갤러리는 싱가포르와 태국, 인도네시아, 필리핀, 말레이시아, 미얀마 등 동남아시아 출신 작가의 작품 8천여 점이 전시되어있는 근대미술의 중심지다. 시대상이 잘 드러난 풍경 스케치와 초상화, 토속적인 재료와 장치를 이용한 설치미술 작품 등으로 채워져있다. 평소 쉽게 보기 힘든 나라 작가들의 작품을 접할 수 있어 더 뜻 깊은 곳이다.

1 내셔널 갤러리 로비. 두 개의 건물이 다리로 이어져있다. **2** 건물 안에 있는 실내 돔. 주변이 한적해 잠시 쉬어가기 좋다. **3** 갤러리가 소장하고 있는 작품을 대형 터치스크린으로 검색할 수 있다.

분위기로 둘째가라면 서러운 명소

차임스 Chijmes

개인적으로 여러 번 갔던 곳이지만, 취재차 사진작가와 함께 갔을 때 그가 유독 셔터를 많이 눌렀던 곳이다. 차임스는 현대적인 것과 고전적인 곳이 어우러진 싱가포르의 명소다. 곳곳을 환하게 비추는 노란 꼬마전구가 앙증맞고, 반쯤 누울 수 있는 푹신한 소파가 편해 보이며, 곳곳을 장식한 화려한 스테인드글라스와 은은한 조명 덕에 고딕 양식으로 지은 차임스 홀과 복도의 야경이 환상적이다.

100년이 넘는 시간 동안 가톨릭계 학교, 고아원, 수도원으로 사용되었던 이곳은 예전의 발자취가 고스란히 남아있는 역사 유산이다. 동시에 특별한 곳에서의 식사를 기대하는 이들에게는 최고의 만찬 장소로 자리매김했다. 음식점을 고르는 일이 쉽지 않을 정도로 다양한 음식점과 바, 카페가 포진해있다. 시내 한복판에 있고 워낙 유명세를 떨치는 곳이라 특히 저녁 시간에는 가격이 좀 비싼 편이다.

Info
주소 30 victoria street 187996
영업시간 12:00~23:00(가게마다 조금씩 다르다.)
가격 인도차이네(Indo Chine) 스테이크(Steak) S$13 정도 / 와프(Wharf) 피시 앤드 칩스(Fish and Chips) S$22 정도

1 다양한 용도로 쓰였던 차임스 홀. 지금은 고급 결혼식장으로 탈바꿈했다. **2** 차임스 홀 뒤편에 분위기 좋은 바와 음식점들이 즐비하다.

소수민족 페라나칸의 찬란한 역사와 문화

페라나칸 박물관 Peranakan Museum

1912년에 세워진 최초의 호키엔(Hokkien, 중국 푸지엔 성 출신의 이민자) 학교를 개조한 박물관이다. 신고전주의 양식의 아담한 건물과 할아버지 손을 당기는 손주의 귀여운 모습을 담은 동상이 눈길을 끈다.

첫 번째 전시실에 들어가면 페라나칸 후손들의 다양한 모습이 가득하다. 페라나칸은 '~의 자녀' 또는 '~가 낳은 이'라는 뜻의 말레이어로, 말레이시아 여성과 중국계 이민자 사이에 태어난 후손을 뜻한다고 알려져있다. 하지만 우리에게 알려진 페라나칸은 바바 페라나칸(Baba Peranakan)이며, 인도 무슬림과 현지 여성의 후손들은 자위 페라나칸(Jawi Peranakan), 힌두 상인과 현지 여성의 후손들은 치티 말라카 페라나칸(Chitty Melaka Peranakan)으로 불린다.

이들은 17세기에 한창 해상무역이 발달했던 자바, 수마트라, 말레이 반도에 모여 살고 있었다. 당시 식민 통치를 하던 영국이 중요한 무역 거점으로 말레이 반도를 개척하면서 페라나칸들도 대거 이주하여 터를 잡았고, 싱가포르가 독립하면서 싱가포르에 뿌리를 내리고 살게 된 것이다.

혼란스러운 격변의 시기를 살았지만 무역업으로 막대한 부를 축적한 데다

Info
주소 39 armenian street 179941
관람시간 토~목 10:00~19:00, 금요일 10:00~21:00
관람료 어른 S$10, 아이(6세 이하) S$6

다양한 문화가 유입된 탓에 그들이 쓰던 그릇, 가구, 의상은 화려하고 예술성이 뛰어나다. 특히 12일간의 화려한 페라나칸 결혼식 문화를 담은 전시는 놓쳐서는 안 될 하이라이트다. 둘러보다 보면 수 세기 전 무한한 꿈을 안고 싱가포르에 정착했을 수많은 페라나칸들의 삶이 자연스럽게 머릿속에 그려진다.

1 페라나칸 박물관은 크지 않아 부담 없이 둘러볼 수 있다. **2·3** 페라나칸의 문화유산은 화려하고 예술성이 뛰어나다.

느끼고 경험하고 상상하는 현대미술의 중심지

싱가포르 아트 미술관 Singapore Art Museum

내셔널 갤러리가 근대미술의 중심지라면, 싱가포르 아트 미술관은 젊은 작가들의 작품을 볼 수 있는 현대미술관이다. 19세기에 가톨릭 남학교로 사용되었고, 싱가포르 최초의 미술관으로서의 가치도 크다. 똑같은 타일을 반복해 붙여 화려함과 단정함이 공존하는 복도는 감성 사진을 찍기에 안성맞춤이다.

싱가포르 아트 미술관은 현대미술을 통해 우리 인생에 예술의 숨결을 불어넣는다는 방침으로, 장르의 제약 없이 생각하고 느끼고 경험하고 상상할 수 있는 작품을 전시한다. 이를 위해 타 미술관과 협업하고 교류하는 것은 물론, 관객들과 소통하기 위해 각종 워크숍과 교육 프로그램을 열고 학교 교육 봉사에 적극적으로 나서는 등 예술을 널리 알리는 데도 힘쓴다. 상설 전시보다 주로 기획 전시를 하기 때문에 전시 기간이 아니면 볼 수 없다. 전시 일정을 미리 확인하고 가는 것이 좋다.

Tip 싱가포르에서는 매년 5월 초부터 8월 말까지 어린이들을 위한 문화 예술 프로그램 '칠드런스 시즌(Children's Season)'이 열린다. 이 기간에 곳곳의 박물관, 놀이시설, 교육시설에서 다양한 행사를 한다. 싱가포르 아트 미술관에서도 기획 전시를 여는데, 작품의 예술성이 높을 뿐 아니라 아이들이 편안하게 만지고 경험할 수 있어 아이들은 물론 어른들에게도 인기 만점이다. 아이와 함께하는 여행이라면 놓치기 아까운 행사다.

Info
주소 주 건물 71 bras basah road 189555 / 8Q(별관) 8 queen street 188535
관람시간 토~목 10:00~19:00, 금 10:00~21:00
관람료 전시에 따라 다르다.

1 싱가포르 아트 미술관은 큰길에 있고 전철역도 가까워 접근성이 매우 좋다. **2** 화려한 타일과 흰색 기둥이 어우러진 미술관 복도.

싱가포르 역사와 문화를 담은 다양한 전시

싱가포르 국립 박물관 National Museum of Singapore

큰 도로에서 조금 벗어나 한적하고 웅장하게 자리한 싱가포르 국립 박물관은 싱가포르에서 가장 오래된 박물관이다. 싱가포르 대부분의 박물관들이 다른 용도로 쓰이다가 개조된 것과 달리, 이곳은 1887년 건축 당시부터 줄곧 박물관으로만 사용되었다. 네오 클래식 양식으로 지어진 순백의 외관도 압도적이지만, 50개의 스테인드글라스가 촘촘하게 박힌 돔은 아름다움의 절정을 이룬다.

싱가포르 국립 박물관은 싱가포르의 역사와 문화를 가장 잘 알려주는 곳이다. 10여 개의 상설 전시실에 수백 년 전 싱가포르의 모습, 유럽 열강과 일본에게 지배당했던 시대의 모습, 독립 후 발전해나가는 모습 등이 주제별로 전시되어 있다. 대형 스크린에 비춘 영상과 섬세함이 살아있는 유물, 그림, 구조물, 사진 등은 싱가포르를 짧은 시간에 이해할 수 있게 한다. 특히 미디어 아트를 이용해 20세기 말레이 반도 어느 숲 속의 자연과 동물을 전시실 전체에 표현한 '숲 속의 이야기(Story of the Forest)'는 어둠 속에서 홀로 자연을 거니는 것처럼 신비롭고 여운이 길게 남는다.

Info
주소 93 stamford road 178897
관람시간 10:00~19:00
관람료 상설 전시 어른 S$15, 학생 S$10(특별전은 별도의 요금이 있다.)

1 네오 클래식 양식으로 웅장하게 지은 싱가포르 국립 박물관.
2 돔에 박힌 스테인드 글라스가 아름다운 박물관 내부.

보기 좋은 디저트가 먹기도 좋다

제니스 웡 Janice Wong

'보기 좋은 떡이 먹기도 좋다'는 속담이 있다. 제니스 웡의 음식은 그 속담을 뛰어넘는다. 군더더기 없이 깔끔한 모양에 알록달록 색깔이 예쁜 초콜릿을 보면 입보다 눈이 더 즐겁다. 보기만 좋을 뿐 아니라 맛도 좋다. 직원의 추천으로 맛보았던 디저트, 허니 케이크는 많이 달지 않으면서 부드러운 아이스크림과 견과가 곁들여져 맛이 아주 풍부했다.

싱가포르 국립 박물관을 마주 보고 박물관 왼쪽 끝에 자리한 제니스 웡은 싱가포르의 젊은 셰프 제니스 웡이 자신의 이름을 걸고 문을 연 디저트 바 겸 음식점이다. 음식은 향과 질감, 온도는 물론 아름다움까지 고려해야 한다는 철학을 가진 곳답게 플레이팅 하나도 미술 작품처럼 창의적이다.

제니스 웡의 노력은 최근 잇따라 결실을 맺고 있다. '최고의 아시아 페이스트리 셰프 50'에 선정되었고, 호스피스 관련 행사에 대통령과 함께 참여하며 유명세를 떨치기도 했다. 디저트 격전지로 유명한 도쿄, 홍콩 그리고 마카오까지 영역을 넓힌 제니스 웡은 싱가포르를 넘어 아시아에서 인정받고 있다.

Info

주소 93 stamford road national museum of singapore #01-06 178897
영업시간 화~토 11:00~23:00, 일~월 11:00~18:00
가격 허니 케이크(Honey Cake) S$22, 카카오 포레스트(Cacao Forest) S$24

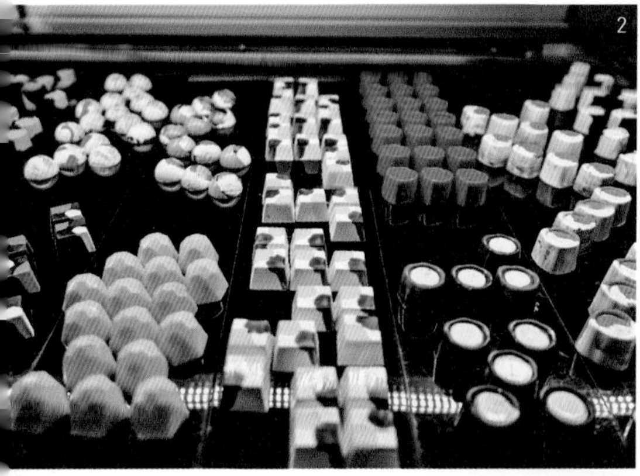

1 화려한 그림과 독특한 디자인의 테이블이 감각적인 제니스 웡 내부. **2** 화려하고 깔끔한 디자인이 돋보이는 초콜릿. **3** 아이스크림과 견과를 곁들인 허니 케이크.

간단하지만 든든한 한 끼, 베트남 쌀국수

남남 Namnam

여행 중에는 간단하면서 든든한 한 끼를 찾게 마련이다. 하지만 대형 쇼핑몰에서 그런 음식점을 찾기란 의외로 쉽지 않다. 이럴 때 딱 좋은 곳이 있다. 베트남 쌀국수를 파는 누들 바 남남이다.

베트남 쌀국수는 베트남에서는 누구나 쉽게 사 먹는 거리 음식이지만, 한국에서는 선뜻 사 먹기가 쉽지 않은 비싼 음식이다. 남남에서는 마음 놓고 먹어도 좋다. 맛과 가격 모두 합격점을 줄 만하다. MSG도 거의 쓰지 않는다. 그래서인지 저녁때 가면 혼밥족도 꽤 많다.

어린 시절 베트남을 떠나 덴마크로 이주한 뒤 유수의 음식점과 호텔에서 메인 셰프로 일했던 남(Nam)은 결국 자신의 뿌리를 잊지 못하고 싱가포르의 대형 쇼핑몰에 고향 음식인 베트남 쌀국수 가게를 열었다. 간편하고 빨리 먹을 수 있는 데다 맛있고 든든하기까지 한 쌀국수를 맛볼 수 있는 곳, 남남은 혼자 먹어야 하거나 시간은 없지만 든든하게 먹고 싶을 때 찾아갈 만한 곳이다.

Info

주소 252 north bridge road raffles city shopping center #b1-46/47 179103
영업시간 08:00~22:00
가격 아침식사 시간(08:00~10:00) 쌀국수와 커피 세트 S$7 정도(평소 S$16 정도)

1·2 베트남 쌀국수가 맛있는 남남. 가게가 크기 않지만 혼밥족이 많고 테이블 회전도 잘 된다. **3** 남남의 대표 메뉴, 소고기를 곁들인 쌀국수.

예술인가, 요리인가?

잔 Jaan

싱가포르를 방문한 부모님이 마침 결혼기념일을 맞이해 이를 기념하기 위해 신중하게 선택했던 음식점, 잔. 잔은 윌리엄 리드 비즈니스 미디어(William Reed Business Media)가 주관해 매년 선정하는 '아시아 최고의 음식점 50'에서 2017년 42위에 랭크되었고, 같은 해 「싱가포르 미슐랭 가이드」에서도 별 하나를 받은 최고의 모던 유러피언 음식점이다.

잔의 음식은 하나의 작품처럼 느껴진다. 차마 먹기 아까울 정도로 플레이팅이 예술적이다. 음식의 질감도 훌륭하다. 재료 본연의 질감을 최대한 살려 때로는 부드럽고 촉촉하게, 때로는 바삭하게 조리했다. 난생 처음 대하는 음식 앞에서 가족들은 특별한 맛과 질감을 놓치지 않으려고 천천히 음미하는 미식가가 되었었다.

40명만 수용되는 아담한 음식점에서 조용하게 즐기는 식사 분위기와 친절한 서비스, 70층에서 바라보는 마리나 베이의 풍경도 음식 맛과 기분을 돋운다. 특별한 날을 기념하고 싶을 때 잔은 후회 없는 선택이 될 것이다.

Info

주소 2 stamford road level 70 equinox complex jaan swissotel 178882

영업시간 월~토 12:00~14:30, 19:00~22:30, 일요일 휴무

가격 런치 세트 4코스 S$88 정도, 5코스 S$128 정도

1·2 잔의 음식은 맛뿐 아니라 특별한 플레이팅이 돋보인다.
특별한 날에 가면 좋다.

차이나타운

Chinatown

추천 코스 도보, 차이나타운 헤리티지 센터로 갈 때는 대중교통 이용

키아히앙 → 차이나타운 헤리티지 센터 → 시티 갤러리 → 스찬 빌리지 또는 토스트 박스 또는 난반테이

중국 이주민들의 삶이 생생하게 느껴지는 곳

차이나타운 헤리티지 센터 Chinatown Heritage Center

차이나타운 역에서 내려 파고다 스트리트를 걷다 보면 차이나타운 헤리티지 센터가 보인다. 규모가 크진 않지만 1950년대 초 싱가포르를 이끌던 중국 이주민들의 삶이 현실감 있게 재현되어있다.

직원이 건네주는 영어 오디오 가이드를 목에 걸고 들어가면 가장 먼저 양복점 풍경이 나온다. 전체 분위기는 우리나라와 비슷하지만, 유난히 붉은 빛의 꽃이나 종교 색을 띠는 화려한 인형이 중국 분위기를 물씬 풍긴다. 재단사와 견습생의 집 안도 들여다볼 수 있다. 집의 크기나 살림살이에서 경제적 수준 차가 보인다. 재단사의 집 외에도 목수의 집, 내과 의사의 집, 가정부나 노동자들의 집 등 직업별 주거공간이 꾸며져 있는데, 사소한 물품 하나 허투루 놓인 것이 없다. 부엌에 걸린 낡고 먼지 쌓인 소쿠리, 방에 걸려있는 빨래걸이, 부엌의 그을음까지 아주 사실적으로 재현해놓았다. 주거공간뿐 아니라 당시 차이나타운에서 번성하던 산업, 음식점 풍경, 결혼 풍습 등도 볼 수 있어 흥미롭다.

차이나타운에서 다양한 방법으로 중국을 경험할 수 있지만, 헤리티지 센터에서 잠시 숨을 고르며 초기 중국 이주민들의 삶을 떠올려본다면 더 의미 있는 차이나타운 여행이 될 것이다.

Info

주소 48 pagoda street 059207
관람시간 09:00~20:00, 분기별 첫 월요일 휴무(자세한 내용은 페이스 북 참고)
관람료 어른 S$15, 아이(7~12세) S$11

1 차이나타운 헤리티지 센터. 차이나타운 역에서 가까워 접근성이 좋다. **2** 입장료에 오디오 가이드 비용이 포함되어있어 관람하면서 자세한 설명을 들을 수 있다. **3** 차이나타운 헤리티지 센터에는 싱가포르를 이끈 중국 이주민의 주거공간을 재현해놓았다.

좁지만 잘 정비된 도시국가, 그 성공의 비밀

시티 갤러리 City Gallery

싱가포르에 와서 하루 이틀만 지나면 드는 생각이 있다. 도시 정비가 참 잘 되어있다는 것이다. 마리나 베이에는 멋진 스카이라인이 펼쳐져있고, 도시국가라고 믿어지지 않을 만큼 자연이 풍부하다. 이는 무분별한 개발을 억제하고 소중한 유산을 지켜온 싱가포르 정부의 철저한 노력 덕분이다. 성공적인 도시 개발 뒤에는 먼 미래를 긴 호흡으로 차분히 준비해온 행정력이 있었다.

싱가포르 정부는 영토가 좁은 만큼 토지 개발을 보다 체계적으로 계획하고 관리하기 위해 도시재개발청을 만들었다. 도시재개발청은 10년 단위의 콘셉트 플랜, 콘셉트 플랜을 달성하기 위한 5년 단위의 마스터플랜, 이를 더 구체화한 가이드라인 등 3단계의 구체적인 계획을 세워 싱가포르를 탈바꿈시키고 있다. 시티 갤러리는 도시재개발청에서 만든 일종의 박물관이다. 꼼꼼히 재현한 싱가포르 곳곳의 건축 모형도, 270도 파노라마 쇼, 각종 인터랙티브 전시 자료를 통해 싱가포르 도시 개발에 대한 구체적인 비전을 설명해놓았다.

이곳을 둘러보고 있으면 톱니바퀴처럼 촘촘하게 맞물리는 고도의 정책과

Info
주소 45 maxwell road the URA center 069118
관람시간 월~토 09:00~17:00, 일요일 · 공휴일 휴무
관람료 무료

실행으로 여러 악재를 딛고 일어선 싱가포르의 저력을 다시 보게 된다. 갤러리의 위치가 차이나타운 맥스웰 푸드 센터 바로 옆이고, 관람하는 시간도 30분 정도면 충분해 잠시 들렀다 가기에 부담이 없다.

1·2 싱가포르 곳곳의 모습을 재현한 건축 모형도. 싱가포르 개발 정책의 큰 그림을 볼 수 있다.

우리 입맛에 잘 맞는 중국 음식을 푸짐하게

스촨 빌리지 Sichuan Village

차이나타운에는 가격 부담 없이 다양한 음식을 푸짐하게 먹을 수 있는 중국 음식점들이 즐비하다. 그중 차이나타운 역에서 가깝고 모스크 스트리트(Mosque Street) 초입에 있는 스촨 빌리지는 음식이 우리 입맛에 잘 맞는 데다 인심도 좋다. 음식이 하나 둘 테이블을 채우면 시원한 맥주 생각이 절로 나고 여행의 피로도 스르르 풀린다.

스촨 요리를 하는 곳인 만큼 조금 매운 음식에 도전해도 좋다. 닭살을 잘게 잘라 매운 고추와 간장 소스에 볶아낸 닭볶음은 시원한 맥주와 찰떡궁합이다. 달걀미역국은 미역국에 달걀을 푼 중국식 미역국으로, 조금 걸쭉하지만 맛은 크게 다르지 않다. 매운 음식과 함께 먹기 좋다.

이곳은 여럿이 가기를 추천한다. 음식 양이 많아서 여럿이 가야 다양한 음식을 맛볼 수 있기 때문이다. 시끄럽고 후텁지근한 분위기가 다소 지치게 만들기도 하지만, 차이나타운 특유의 자유로움과 조금은 흐트러진 분위기가 오히려 자연스럽고 따뜻하게 느껴진다.

Info

주소 2-3 mosque street 059497

영업시간 11:00~22:00

가격 잘게 썬 매콤한 닭볶음(Spicy Fragrant Chicken Diced) S$12, 달걀미역국(Seaweed & Egg Soup) S$8

1 스촨 빌리지 내부. 중국풍 장식품으로 꾸며져있고 분위기는 다소 시끌벅적하다. 2 우리와 비슷하면서 색다른 음식 맛은 친숙하면서도 새롭다.

토스트 가게에서 찾은 실속 메뉴, 커리 치킨

토스트 박스 Toast Box

60년대부터 아침식사로 즐겨먹던 향긋하고 달달한 난양 커피(싱가포르 커피)와 두툼한 버터가 들어간 토스트를 파는 토스트 박스. 진한 커피 향과 고소한 버터 향이 진동해 그냥 지나치기 어려운 가게다.

그런데 토스트 박스에는 토스트와 커피 외에 실속 있는 식사 메뉴도 있나. 인도식 커리 소스와 코코넛이 들어간 커리 치킨이다. 먼저 소스가 듬뿍 밴 유부를 한입 베어 물면 매콤하면서도 달콤한 맛이 기분 좋게 입안에 퍼진다. 포슬포슬하게 익은 감자를 숟가락으로 쪼개서 푹 익은 닭고기와 함께 소스를 듬뿍 얹어 먹는 맛도 일품이다. 닭과 감자가 거의 잠길 정도로 국물이 많아 함께 나오는 밥과 먹기도 좋다. 소스 맛은 다르지만 닭볶음탕과 비슷해서 거부감 없이 먹을 수 있는 음식이다. 커리 치킨 외에 매콤 달콤하게 볶은 쌀국수 미시암(Mee Siam)과 매콤한 국물에 코코넛 밀크를 넣은 락사(Laksa) 등도 준비되어있다.

Info
주소 133 new bridge road chinatown point #01-45/46 059413
영업시간 08:00~22:00
가격 커리 치킨 위드 라이스(Chicken Curry with Rice) S$7~8 정도, 버터 토스트(Butter Toast) S$1~2 정도

1 토스트 박스는 가성비가 좋으면서도 맛있는 메뉴들로 가득해 늘 많은 사람들로 북적인다. **2** 토스트와 커피 외에 식사 메뉴로 인기 있는 커리 치킨.

가성비 좋은 꼬치구이 전문점

난반테이 Nanbantei

음식점에 들어서자마자 풍기는 꼬치구이 냄새가 식욕을 자극하는 곳이다. 모든 음식을 개방된 주방에서 조리하는데, 꼬치를 뒤집을 때마다 칙 하는 소리와 연기가 그야말로 군침 돌게 한다. 주 메뉴는 다양한 재료를 꿰어 구운 꼬치다. 여기에 우동과 초밥까지 곁들이면 훌륭한 만찬이 된다. 싱가포르에 꼬치 가게가 꽤 있지만 가성비를 따져볼 때 이만한 곳이 없어 친구들을 여러 번 데리고 갔었는데, 갈 때마다 친구들이 엄지손가락을 치켜세웠다.

난반테이는 차이나타운 포인트(Chinatown Point) 쇼핑몰에 있지만, 유동인구가 많지 않은 2층에 자리해 발견하기가 쉽지 않다. 점심시간에는 저렴한 세트 메뉴가 준비되어있어 혼자 갔을 경우 런치 세트를 주문하면 좋다. 한가할 때는 한가하지만 손님이 몰리면 오래 기다릴 수 있으니, 전화로 예약하거나 자리가 있는지 알아보고 가는 것이 좋다.

Info
주소 133 new bridge road chinatown point #02-40 059413
영업시간 11:45~14:30, 17:45~22:00
가격 꼬치덮밥(Yakitori Don) 세트 S$16(점심 메뉴), 튀김우동(Tempura Udon) S$14

1 화로에 직접 구워 불맛이 살아있는 꼬치덮밥. 2 난반테이는 꼬치를 굽는 모습을 가까이에서 지켜볼 수 있다. 3 난반테이가 있는 쇼핑몰 2층은 1층에 비해 한적하다.

클레이포트 스프링 치킨은 반드시 여기서

키아히앙 Kia Hiang

다른 곳에서도 팔지만 꼭 '그 집'에 가서 먹고 싶은 음식이 있다. 큰 차이가 있는 건 아니어도 그곳에서만 느껴지는 세심한 맛, 재료의 차이, 분위기 때문에 번거로움을 무릅쓰더라도 일부러 찾아가 먹는 음식 말이다.

키아히앙의 대표 메뉴인 클레이포트 스프링 치킨(Claypot Spring Chicken)이 그런 음식이다. 투박한 냄비에 담겨 나오는 닭고기 요리로 넓은 양배추 잎과 진한 색 소스로 뒤덮여있는데, 양배추를 걷어서 죽죽 찢어 소스가 깊이 밴 닭고기를 한 점 올려 먹으면 그렇게 맛있을 수가 없다. 양배추는 푹 익었으면서도 흐물흐물하지 않고 아삭한 질감이 살아있다. 소스에 밥을 비벼 먹어도 맛있어서 밥 한 그릇을 비우는 데 그리 오래 걸리지 않는다. 빈 밥그릇을 보며 아직도 많이 남은 소스가 아까울 정도다.

키아히앙은 1975년부터 영업을 시작해 40여 년의 역사를 이어온 음식점이다. 정오가 되면 근처 직장인들이 빠르게 자리를 채우므로, 문을 여는 시간인 11시에 맞춰 가야 기다리지 않고 바로 자리를 잡을 수 있다.

Info

주소 anson road international plaza #02-29 079903

영업시간 11:00~15:00, 일요일 · 공휴일 휴무

가격 클레이포트 스프링 치킨 S$18, 핫 플레이트 빈커드 오믈렛(Hot Plate Beancurd Omelette, 다진 두부와 달걀을 섞은 오믈렛) S$11

1 40여 년 역사의 키아히앙. 점심시간이 되면 근처 식장인들로 꽉 찬다. **2** 보기보다 맛있는 음식이 있고, 보기보다 맛이 덜한 음식이 있다. 클레이포트 스프링 치킨은 확실한 전자다.

Padi

아랍 스트리트

Arab Street

추천 코스 도보, 무스타파 센터로 갈 때는 대중교통 이용

아틀라스 → 술탄 모스크 → 알라투르카 → 무스타파 센터 (리틀 인디아)

짧지만 진하게 느끼는 이슬람 문화

술탄 모스크 Sultan Mosque

골목을 누비며 구경하는 재미가 쏠쏠한 동네, 무스카트 스트리트(Muscat Street)에는 이슬람 문화의 정수를 느낄 수 있는 술탄 모스크가 웅장하게 자리하고 있다. 데칼코마니처럼 정확히 대칭을 이루고 황금빛 돔이 햇빛을 받아 반짝이는 사원을 보고 있으면, 자연스럽게 발걸음이 그곳으로 향하게 된다.

사원 안으로 들어가려면 사원 앞에 마련된 옷을 입어야 한다. 안으로 들어가면 대형 기도실이 나오는데, 기도실의 구도 역시 놀랍도록 정확히 대칭을 이룬다. 순간 왁자지껄한 분위기는 적막함으로 바뀌고, 한쪽에서 가이드의 설명을 듣는 이들도 진지한 모습을 보인다.

1824년에 건립된 술탄 모스크는 1932년 재건축되어 지금에 이르렀다. 건립 당시 스탬포드 경이 공사비 S$3,000를 기부했으며, 가난한 무슬림들도 유리병을 모아 기부해 더 의미가 깊다.

Info

주소 3 muscat street 198833

개방시간 월~목 10:00~12:00, 14:00~16:00, 금 14:30~16:00, 토 22:00~24:00, 일요일 · 공휴일 휴무

입장료 무료

Plus

알라투르카 Alaturka

동서양의 문화가 오묘하게 결합된 터키의 매력처럼 음식 맛도 낯선 듯 낯설지 않는 듯 특별하다. 특유의 진한 소스를 곁들인 담백한 고기와 갓 구운 빵 맛을 그대로 느낄 수 있다.

주소 15 bussorah street 199436

싱가포르에서는 히잡을 두른 여성을 자주 볼 수 있고, 모든 마트에서 고기 등 각종 식재료에 *할랄(Halal) 음식 표시를 하는 것이 상식이다. 워터 파크에서도 여성들은 히잡을 두르고 검은색 수영복으로 온몸을 가린 채 수영한다. 놀이공원 한편에 마련된 기도실에서 기도를 마치고 나오는 사람들도 쉽게 보인다. 이슬람 사원을 방문하는 것은 그들을 이해하려는 노력의 첫걸음이다.

* **할랄** 이슬람교도인 무슬림이 먹고 쓸 수 있도록 허용된 제품.

1

1 술탄 모스크는 싱가포르 여행지 중에서도 단연 이국적인 여행지로 손꼽힌다. **2** 좌우 대칭을 이루고 있는 대형 기도실.

2

세상에 없던 완전히 새로운 바

아틀라스 Atlas

3층 높이는 족히 되어 보이는 높디높은 천장, 일관된 황금빛 장식으로 화려함의 극치를 보여주는 인테리어, 고급스러운 조명 속에 진열된 수백 개의 술병…. 1920년대에 유럽에서 유행했던 아르데코 양식을 재현한 아틀라스는 세상에 이런 곳이 있을까 싶을 정도로 새로운 차원의 바다. 황금빛 기둥과 계단, 난간이 기본을 이루고 벽화와 유리 장식으로 촘촘히 채워져 거대한 공간감과 섬세함이 공존한다.

하지만 화려한 겉모습에 걸맞은 내실이 없다면 명성은 화제만 몰고 왔다 곧 사라졌을 것이다. 아틀라스의 수석 바텐더 로만 폴탄은 주류 전문지 「드링크 인터내셔널(Drink International)」에서 선정하는 '세계 최고의 바 50'에서 4년 연속 1위를 차지한, 런던 랭함 호텔의 아테시안 출신이다. 또한 미슐랭 별을 받은 런던, 시카고, 도쿄 등지의 음식점에서 실력을 갈고닦은 다니엘레 스페린디오를 책임 셰프로 영입했다. 세계적인 명성의 바텐더와 셰프가 포진한 만큼 칵테일, 샴페인, 진의 스펙트럼은 세계 최고 수준을 자랑한다.

낮에는 오붓한 분위기에서 식사하는 손님들뿐 아니라 회사 면접, 프레젠

Info
주소 600 north bridge road parkview square 188778
영업시간 월~목 10:00~01:00, 금 10:00~02:00, 토 15:00~02:00, 일요일 휴무
가격 칵테일 서머 인 파리(Summer in Paris) S$12, 더 아틀라스 마티니(The Atlas Martini) S$24

테이션, 공적 미팅을 하는 이들도 눈에 많이 띈다. 격조 있는 분위기의 바, 아틀라스는 신생 바임에도 특별한 만남을 위한 대표적인 장소로 빠르게 자리매김하고 있다.

1

2

1 화려하고 격조 있는 바, 아틀라스. 섬세한 벽화와 유리 장식이 눈길을 끈다.
2 아틀라스는 부기스 역 근처 파크뷰 스퀘어 1층에 있다.

이보다 더 좋은 가격은 없다

무스타파 센터 Mustafa Center

엄청난 규모와 좋은 가격으로 유명한, 리틀 인디아의 쇼핑센터다. 대신 이곳에서는 여유로운 쇼핑은 잊는 것이 좋다. 목표물을 향해 돌진한 뒤 재빠르게 물건을 낚아채고, 다음 목표물로 빠르게 이동해야 한다. 후퇴란 있을 수 없다. 모든 매대 앞은 사람들로 넘쳐나고, 바구니에 물건을 가득 채운 사람들과 부딪히지 않고 지나가는 것도 쉽지 만큼 인파가 어마어마하다. 전통적인 인기 상품, 특히 히말라야 크림 등의 화장품류와 호랑이 연고 같은 건강 관련 제품 앞은 더하다.

하지만 가격 하나만으로도 번잡함을 감당할 만한 가치는 충분하다. 대부분 디자인이 조악하지만, 잘 찾아보면 부담 없이 선물하기 좋은 기념품도 많다. 현지 음식에 관심이 많다면 여행 초반에 가면 좋다. 여행 기간에 먹을 간식과 음료수를 넉넉하게 사두면 여행비를 아낄 수 있다.

Info

주소 145 syed alwi road mustafa center 207704
영업시간 24시간
가격 히말라야 크림 50mL 6개 S$23 정도, 호랑이 연고 10g S$23 정도

1

1 무스타파는 시내 중심가에서 떨어져 있고 복잡하지만, 값이 싸다는 매력 때문에 현지인들도 많이 찾는 쇼핑몰이다. 2·3 무스타파에는 한국인들에게 친숙한 제품들도 많다.

2

3

인생사진 남기는 팁스타그램

알록달록한 빈티지 창문을 감각 있게

올드 시티나 차이나타운, 아랍 스트리트 등지를 다니다 보면 알록달록한 빈티지 창문이 유독 많이 눈에 띈다. 예쁜 창문을 사진에 담으려고 이렇게 저렇게 찍어보지만, 막상 사진을 보면 실제만큼 예쁘게 나오지 않는다. 오가는 사람들 때문에 타이밍을 잡기도 쉽지 않다.

시선을 옮겨보면 좋은 각도를 찾을 수 있다. 원색의 창문을 살짝 담고 나머지 부분을 하늘에 할애한다. 허전해보일 것 같지만 창문 색깔과 푸른 하늘이 조화를 이뤄 의외로 감각적인 사진을 얻을 수 있다.

한 가지 색만 남기고 나머지는 흑백으로

요즘은 웬만한 카메라에 색 추출 기능이 들어있다. 예쁜 창문을 만나면 기능을 켜고 사진을 찍는다. 원하는 색만 남기고 모두 흑백으로 나와 색다른 느낌을 준다.

스마트폰은 색 추출 기능이 없기 때문에 어플을 다운받아야 한다. Color, Color Splash, Photo 등으로 검색하면 다양한 색 추출 기능 어플을 찾을 수 있다. 무료 어플은 사용하기 불편한 점이 많아 유료 어플을 추천한다. 어플의 색 추출 기능은 모두 사진을 찍은 다음에 보정하는 방식이다.

싱가포르 사람들의 한국사랑

바야흐로 싱가포르에 한류 열풍이 거세다. 오차드 거리 등 시내 곳곳의 버스 정류장 광고에서 한국 모델이 심심치 않게 보이고, 한국에서 흥행에 성공한 영화는 싱가포르 영화관에서도 개봉하는 경우가 많다. 많은 한국 아티스트가 싱가포르에서 공연을 하고, 싱가포르의 출근길은 한국 드라마가 책임진다. 그 때문에 간단한 한국말을 알아듣는 사람들이 점점 늘어나고 있다.

한국 미용실은 파마 가격이 한국보다 두 배 정도 비싼데도 불구하고, 싱가포르 사람들뿐 아니라 이웃 나라인 말레이시아나 인도네시아의 부유한 젊은이들까지 찾아온다고 한다. 좋아하는 가수나 배우의 사진을 들고 와 그대로 해달라고 한다는 것이다. '메이드 인 코리아'는 콘텐츠든 물건이든 그 자체로 좋은 브랜드가 된 셈이다.

싱가포르에서의 한류는 일상생활에서도 체감할 수 있다. 택시를 탔을 때 제주도나 강원도로 여행 가본 기사님, 한국에 딸을 교환학생으로 보낸 기사님 등 한국과 인연이 있는 기사를 만나는 게 어려운 일이 아니다. 자신의 여행담을 늘어놓느라 길을 헤매는 통에 도착시간이 늦어지는 경우도 있어서, 그 뒤로는 한국인임을 밝히지 않고 애써 무뚝뚝하게 굴기도 했다. 병원에서 만난 물리치료사의 제주도 여행기, 취재하다 만난 잡지 에디터의 북한산 등반기를 듣다가, 어떤 부분에서는 한국인인 나보다 상세히 알고 있어 놀란 적도 있다.

내가 어렸을 때 외국생활의 에피소드라고 하면, 김치를 먹고 나서 현지인을 만났다가 냄새 때문에 곤혹을 치렀다거나 인종차별로 서러움을 겪었다는 등의 애로사항이 대부분이었다. 그런데 싱가포르에서는 한국인이라는 이유로 호의를 받기 일쑤여서, 한국인이라는 사실이 자랑스럽고 뿌듯했던 기억이 많다. 동시에 한국의 위상이 피부로 느껴질수록 말과 행동에 더 조심하고 신중해야 한다는 책임감도 무거워짐을 느낀다.

#6

빌딩 숲에서 만나는 특별한 자연

해변 공원
숲 속 저수지와 정원
테마 동물원

Beach Park
Reservoir & Garden
Zoo & Safari

싱가포르는 곳곳이 푸르다. 서울과 비슷한 면적의 도시국가로 그 안에 모든 국가기반시설이 있고 고층 빌딩이 즐비하지만, 푸르른 환경을 유지하기 위해 노력한 흔적을 곳곳에서 찾아볼 수 있다.

우선 공항에서 도심으로 가는 고속도로를 타면 양옆으로 우거진 녹음이 뜨거운 열기를 식혀주며 맞이한다. 10분 정도 가면 온 국민의 휴식처인 이스트 코스트 파크가 고속도로 옆으로 길게 이어지고, 도심으로 더 들어가면 싱가포르 최대 규모의 공원이자 세계 문화유산인 보타닉 가든이 있다. 약 160년의 전통을 자랑하는 보타닉 가든은 최근 새롭게 습지정원을 개장해 또다시 화제가 되고 있다. 싱가포르에서는 드물게 넓은 저수지를 조망할 수 있는 조깅 코스와 250m 길이의 현수교가 있는 맥리치 저수지도 빼놓을 수 없는 녹지다.

싱가포르 북부에 있는 동물원 세 곳과 서부에 있는 주롱 새 공원에서는 도심과는 완전히 다른 자연을 만날 수 있다. 모두 동물과 자연이 주제지만, 각기 차별화된 콘셉트로 무장해 싱가포르의 대표적인 관광지로 자리 잡았다. 이는 정부 주도의 가든 시티 정책을 강력하고 일관되게 추진한 결과로, 이 정책은 아직도 현재진행형이다.

워낙 유명한 관광지여서 정보를 얻는 일은 어렵지 않지만, 어디로 갈 것인지 고르는 일이 의외로 만만치 않다. 꼼꼼히 비교해보고 여행 동선, 선호도, 전체 일정 등을 고려해 정한다. 싱가포르 동물원, 나이트 사파리, 리버 사파리 세 곳은 걸어서 2~3분이면 갈 수 있는 거리에 모여 있다.

해변 공원
Beach Park

추천 코스 도보, 스탭핑 그라운드로 갈 때는 대중교통 이용

파크랜드 그린 스타벅스 → 이스트 코스트 파크 → 스탭핑 그라운드 → 비치 로드 프론 미 이딩 하우스 또는 신 호이 사이 이팅 하우스

우리나라엔 한강 공원, 싱가포르엔 이곳

이스트 코스트 파크 East Coast Park

도심과 멀지 않고 공항과도 가까운 이스트 코스트 파크는 싱가포르 사람들에게 가장 사랑받는 가족 레크레이션 공원이다. 주로 칠리 크랩을 먹으러 가는 곳으로 알려져있지만, 조금만 눈을 돌리면 '모두를 위한 레크레이션(Recreation for All)'이라는 공원 콘셉트에 걸맞게 자전거, 익스트림 스케이트, 낚시, 수상 레포츠 등 다양한 즐길 거리가 있다.

잠시 머물다 가는 여행자에게 가장 무난한 종목은 자전거 타기다. 바다를 바라보며 조용히 산책하는 것만으로도 만족스럽긴 하지만, 4인용 자전거 페달을 함께 밟는 가족, 친구들과 신나게 달리는 청소년들이 하나 둘 지나가면 '나도 한번 타볼까?' 하는 마음이 절로 든다. 다행히 자전거 대여점이 중간 중간 있어 쉽게 자전거를 빌릴 수 있다. 자전거 손잡이 옆에 'I ♥ MY BIKE'라는 메시지가 앙증맞게 붙어있다.

Info
주소 east coast park service road 449876
개방시간 24시간
자전거 대여료 1인용 1시간 S$3부터(보증금 S$150~200)

Plus
파크랜드 그린 스타벅스 Parkland Green Starbucks
통유리를 통해 보는 이스트 코스트 파크의 풍경과 따스한 햇살, 야외 테이블에서 느끼는 선선한 바닷바람 모두 기분 좋은 곳이다. 여유로운 분위기를 만끽하려면 북적이는 주말보다 평일에 가는 것이 좋다.
주소 902 east coast parkway #01-170 4449875

여행의 속도를 조금 늦추고 자전거를 타다 보면 한결 여유롭고 상쾌해져 행복지수도 훌쩍 올라가는 기분이 든다. 가능하면 살짝 얼린 맥주를 하나 준비해 간다. 자전거를 타고 나서 마시는 시원한 맥주 맛은 평생 잊지 못할 것이다. 오후가 되면 후텁지근해지니 반드시 아침에 간다.

1 이스트 코스트 파크에서 자전거를 타는 경험은 오랜 기억으로 남는다. **2** 파크랜드 그린 스타벅스에서는 해변이 보인다. **3** 자전거 손잡이에 붙은 메시지가 앙증맞다.

큼직한 새우와 시원한 국물 맛이 일품인 숨은 맛집

비치 로드 프론 미 이팅 하우스

Beach Road Prawn Mee Eating House

이스트 코스트 지역은 시내에 비해 물가가 쌀 뿐 아니라 숨겨진 맛집들도 많다. 싱가포르 여행이 처음이라면 이스트 코스트 지역까지 꼼꼼히 둘러보기 힘들 수 있지만, 이 지역의 맛집들은 그냥 지나치기 아깝다.

비치 로드 프론 미 이빙 하우스는 바로 그런 가게 중 하나다. 점심을 먹고 갔던 터라 맛만 보겠다는 생각으로 먹기 시작했다가 어느새 그릇 바닥을 보고 말았던 곳이다. 큼직한 새우가 서너 마리는 들어간 새우국수가 대표 메뉴인데, 새우 맛이 깊게 우러난 국물을 한입 떠먹으면 '국물이 끝내줘요' 라는 광고 문구가 저절로 나온다.

오후 4시까지 영업하지만, 폐점 시간 전에 재료가 다 떨어지는 일이 종종 있기 때문에 조금 여유 있게 가는 것이 좋다.

Info

주소 370 east coast road 428981

영업시간 수~월 07:00~16:00, 화요일 휴무

가격 새우국수 작은 크기 S$6 정도, 중간 크기 S$9 정도, 점보 크기 S$12 정도

1 비치 로드 프론 미는 큰 차양 덕분에 찾기가 쉽다.
2 비치 로드 프론 미의 대표 메뉴, 새우국수. 칼칼한 맛을 좋아하면 함께 나오는 고추를 넣는다.

맛있는 안주가 끊임없이 맥주를 부르는 곳

신 호이 사이 이팅 하우스 Sin Hoi Sai Eating House

하루 종일 다니느라 지친 여행자를 위로해줄 곳이다. 가볍게 맥주 한잔 들이키며 맛있는 안주들을 부담 없이 두루두루 즐길 수 있다. 이곳은 그 흔한 에어컨도 없고 깔끔한 분위기도 아니다. 하지만 먼지 낀 선풍기에서 나오는 미지근한 바람, 시원한 맥주와 맛있는 요리가 묘하게 어우러져 알 수 없는 매력에 빠져드는 곳이다.

수많은 메뉴 중에서 어떤 걸 골라야 할지 모르겠다면 작은 달팽이 무침(Chilli Snails)과 가오리 구이(Barbeque Stingray)를 추천한다. 양념이 다소 강해 보이지만, 막상 먹어보면 특유의 매콤한 삼발 양념 맛에 빠지게 된다. 달팽이 무침은 입으로 하나하나 빼 먹는 재미가 쏠쏠하다. 가오리 구이는 양도 많아 든든한 저녁식사로 손색이 없다. 양념이 너무 많다고 느껴지면 살짝 걷어내고 먹으면 된다.

Tip 신 호이 사이 이팅 하우스는 프론 미 이팅 하우스와 멀지 않다. 이스트 코스트 파크에서 시간을 보내고 점심은 프론 미 이팅 하우스에서, 저녁과 맥주는 이곳에서 먹는다면 반나절 맛집 코스로 그만이다.

Info
주소 187 East Coast Road 428893
영업시간 16:30~04:00
가격 작은 달팽이 무침 S$10 내외, 가오리 구이 S$14 정도

1 신 호이 사이 이팅 하우스는 편안하고 정겨운 분위기가 느껴진다. **2** 하나씩 빼 먹는 재미가 있는 달팽이 무침. **3** 매콤한 삼발 양념의 가오리 구이.

꽃집과 카페의 향기로운 동거

스탬핑 그라운드 Stamping Ground

꽃집과 카페가 결합한 콘셉트로 인기몰이를 하고 있는 핫 플레이스다. 결코 넓지 않은 공간에 오른쪽에는 카페가, 왼쪽에는 꽃집이 있어 카페에 손님이 조금만 늘어도 금세 줄이 출입문까지 이어진다. 좁아서 가끔은 손님이 뒤엉킬 때도 있지만, 서로 얼굴 붉히는 일은 별로 없다. 카페와 꽃집의 오묘한 동거는 의외로 빈티지하면서 아름다운 분위기를 뿜는다.

예쁘게 진열된 꽃들은 유혹적이나 선뜻 살 만한 가격은 아니다. 반면 카페에는 합리적인 가격의 다양한 브런치와 커피가 준비되어있다. 전철역에서 가깝지 않은 점은 좀 아쉬운데, 이스트 코스트 지역 큰길에 있어 버스를 타면 편리하다.

Info

주소 187 East Coast Road 428893

영업시간 08:00~18:00, 월요일 휴무

가격 라테(Latte) S$5 정도, 크리미 치즈 머시룸 토스트(Creamy Cheese Mushroom Toast) S$12 정도

1·2 카페와 꽃집이 함께 있는 스탬핑 그라운드. 넓지 않고 교통이 좋지 않아도 개성이 가득해 많은 사람이 찾는다. 3 커피와 함께 간식으로 먹기 좋은 크리미 치즈 머시룸 토스트.

숲 속 저수지와 정원

Reservoir & Gardens

추천 코스 대중교통 이용

맥리치 저수지 → 싱가포르 보타닉 가든

쥐라기 월드의 울창한 열대우림 속으로

맥리치 저수지 Macritchie Reservoir

싱가포르에서 가장 오래된 저수지이자 중요한 식수 공급원으로, 규모가 커서 싱가포르에서 보기 힘든 멋진 수평선을 볼 수 있다. 날씨가 좋으면 나무와 구름이 저수지에 비쳐 데칼코마니 그림을 보는 듯 아주 인상적이다. 물가를 지날 때면 습지에 사는 작은 곤충들을 만나게 되는데, 가끔 대형 도마뱀 코모도드래곤이 등장해 멈칫하게 만든다.

30~40분 걸으면 본격적인 코스가 시작된다. 그때부터는 영화「쥐라기 월드」속으로 들어온 것처럼 울창한 열대우림이 펼쳐진다. 얼굴보다 더 큰 나뭇잎이 갑작기 머리 위에 떨어지기도 하고, 고요함 속에서 울려 퍼지는 새소리는 수풀 사이로 햇빛이 들어올 때는 청량하게 들리다가 그늘이 지면 묘하고 가슴 서늘하게 만든다.

한 시간쯤 산 속을 부지런히 걷다 보면 맥리치에서 가장 높은 두 지점을 잇는 250m 길이의 현수교, 트리톱 워크(Treetop Walk)를 만날 수 있다. 트

Tip 맥리치 조깅 코스는 정문에서 시작해 트리톱 워크를 지나 다시 정문으로 돌아오는 코스가 일반적인데, 시간을 줄이려면 트리톱 워크에서 가장 가까운 입구인 윈저 네이처 파크(Windsor Nature Park)에서 시작해 트리톱 워크를 거쳐 정문으로 돌아오는 코스도 좋다. 정문-트리톱-정문 코스는 2시간 30분~3시간, 윈저 네이처 파크-트리톱-정문 코스는 2시간~2시간 30분 걸린다.

Info
주소 lornie road 570000
트리톱 개방시간 화~금 09:00~17:00, 토 · 일 · 공휴일 08:30~17:00, 월요일 휴무

리톱 워크에서 바라보는 경치는 숲 속에서 보았던 울창함과는 완전히 다르다. 저수지와 숲의 전경을 25m 높이에서 바라보면 가슴이 뻥 뚫리면서 아찔한 기분마저 든다. 다리의 폭이 좁아서 반대편에서 다가오는 원숭이와 코앞에서 마주칠 수도 있다. 원숭이를 자극하지 않고 조용히 지나가면 아무 일도 일어나지 않으니 걱정할 필요는 없다.

주말에는 많은 사람들이 조깅을 하거나 저수지에서 카약이나 카누를 타기 위해 아침 일찍부터 모인다. 여건이 허락된다면 동참해보는 것도 좋다.

1

2

3

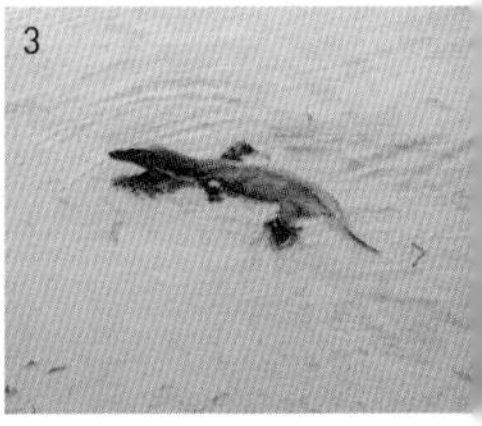

1 하늘과 나무가 비친 맥리치 저수지 풍경. **2** 원숭이는 저수지에서 어렵지 않게 만날 수 있다. **3** 습지대를 지날 때 가끔 출몰하는 코모도드래곤.

운동 후 왁자지껄하게 즐기는 로컬 음식

머시룸 카페 Mushroom Cafe

맥리치 저수지에서 나와 허기진 속을 채우려면 맥리치 저수지 초입에 있는 머시룸 카페에서 간단한 식사를 하는 것도 좋다. 다양한 로컬 메뉴가 준비되어있는데, 커리 소스로 속을 채운 커리 퍼프(Curry Puff), 코코넛 밀크를 넣고 지은 쌀밥에 볶은 멸치와 땅콩, 삶은 달걀, 소스 등을 곁들여 먹는 나시 레막(Nasi Lemak), 락사 등의 국수류가 인기다. 디저트로는 시원한 로컬 빙수 아이스 카창(Ice Kacang)이나 코코넛 음료가 궁합이 잘 맞는다.

오전 9시에서 10시 사이는 조깅을 마친 사람들이 대거 몰려 매우 북적이는 시간대다. 정신없이 먹는 음식이지만, 그들과 어울려 밥을 먹는 기분은 오히려 즐겁기도 하다.

Info
주소 lornie road 570000
영업시간 07:00~21:00
가격 나시 레막(Nasi Lemak) S$5 정도, 락사(Laksa) S$5 정도

1 머시룸 카페는 개방형 음식점이라서 자연의 기운을 마음껏 느끼며 식사할 수 있다. 2 화려하고 달달한 로컬 빙수 아이스 카창과 코코넛 음료.

160년 역사의 유네스코 세계 문화유산

싱가포르 보타닉 가든 Singapore Botanic Gardens

1859년 영국식 정원으로 조성된 싱가포르 보타닉 가든은 다양한 매체를 통해 이미 아시아 최고의 공원임을 인정받았고, 연간 400만 명이라는 방문객 수를 기록하는 명실상부 세계 최고 수준의 공원이다. 2015년에는 유네스코 세계 문화유산에 선정되었다. 60만 종이 넘는 식물이 서식하고 4만 권 이상의 희귀 장서를 보유하고 있어, 단순히 휴식공간을 넘어 연구 기관으로서도 가치가 높다.

보타닉 가든은 다양한 주제의 무료 정원과 세 개의 호수, 600여 종의 난이 있는 난초 정원(Orchid Garden), 제이콥 발라스 어린이 정원(Jacob Ballas Children's Garden), 공연이 펼쳐지는 쇼 파운데이션 심포니 스테이지(Shaw Foundation Symphony Stage) 등 여러 공간으로 나뉘어져있다. 2017년에는 열대우림과 늪지 생태계를 살펴볼 수 있는 러닝 포레스트(Learning Forest)를 새롭게 조성했다.

면적이 넓어서 관람 전략이 필요한데, 주요 볼거리가 탕린 게이트(Tanglin Gate) 쪽에 많아 이곳으로 입장하는 편이 둘러보기 편하다. 한 달에 한두 번, 쇼 파운데이션 심포니 스테이지에서 무료 공연도 열린다. 혹시 여행

Info

주소 1 cluny road 259569
개방시간 05:00~24:00
가격 무료(난초 정원은 어른 S$5, 학생 S$1)

기간에 공연이 열린다면 공연 시간에 맞춰 방문하길 권한다. 좋은 추억이 될 것이다. 공연 정보는 홈페이지에서 확인할 수 있다.
탕린 게이트와 반대쪽이지만 부킷 티마 게이트(Bukit Timah Gate)가 보타닉 가든 역에서 바로 연결된다.

1 쇼 파운데이션 심포니 스테이지에서 열리는 공연 모습. 이곳은 자유롭게 공연을 관람하려는 사람들로 늘 붐빈다.
2 러닝 포레스트 안에 조성된 캐노피 웹.

자연 속에서 즐기는 색다른 생강 요리

할리아 Halia

할리아(Halia)는 생강을 주제로 한 퓨전 음식점으로, 보타닉 가든의 정원 중 하나인 진저 가든(Ginger Garden) 안에 있다. 심플하면서 나무 질감이 자연스러운 건물이 울창한 자연과 잘 어울린다. 야외 좌석에 설치된 천장 선풍기와 라탄 조명도 할리아의 분위기를 살린다.

음식은 유럽의 전통과 아시아의 경쾌함이 결합되어, 클래식하면서도 모던하고 새롭지만 친근하다. 할리아가 말레이어로 생강을 뜻하는 만큼 모든 음식에서 생강 향이 조금씩 느껴지는데 부담스러울 정도는 아니다. 아침부터 저녁까지 시간대별로 다양한 메뉴가 준비되어있고, 세트 메뉴뿐 아니라 캐주얼한 단품 요리와 어린이 메뉴도 있다. 높은 위상과 품격 있는 분위기에 비해 문턱이 높지 않은 점도 큰 매력이다.

할리아의 대표 메뉴는 레몬그라스와 진저 새우 샐러드(The Lemongrass & Ginger Prawn Salad), 칠리 크랩 스파게티와 진저 가든 디저트(Chlli Crab Spaghetti & Ginger Garden Dessert)다. 생강 맛이 진하게 나는 대표 음료 진저 자이브(Ginger jive)도 도전해볼 만하다.

Info

주소 1 cluny road ginger garden 259569

영업시간 월~목 09:00~21:30, 금 · 공휴일 전날 09:00~22:00, 토 10:00~22:00, 일 · 공휴일 10:00~21:30

가격 런치 세트 2코스 S$28 정도, 진저 자이브(Jinger Jive) S$7 정도

1·2 초록의 자연에 둘러싸인 할리아. 오래 앉아 있으면 눈이 편안해진다. **3** 진저 자이브는 생강 맛이 꽤 진하지만 먹을 만하다.

테마 동물원

Zoo & Safari

추천 코스 1 도보

싱가포르 동물원 또는 리버 사파리 → 나이트 사파리

추천 코스 2 대중교통 이용

주롱 새 공원 → 오차드 쇼핑 또는 리버사이드 산책

차별화된 쇼와 액티비티

싱가포르 동물원 Singapore Zoo

1973년에 개장한 세계 최고의 열대우림 동물원으로, 2천800여 마리의 동물들이 야생과 비슷한 환경에서 서식하고 있다. 동물 구경 외에 먹이 주기, 조랑말 타기, 교감하기 등 관람객이 참여하는 액티비티와 네 개의 쇼가 마련되어있어 지루할 틈이 없다. 큰 웃음과 함께 엄청난 물세례를 선사하는 바다사자 쇼, 귀여운 강아지들의 어수룩하지만 사랑스러운 쇼 등 쇼들도 각각 콘셉트가 다르다. 레인포레스트 키즈월드(Rainforest Kidzworld)에는 아이들을 위한 물놀이시설이 갖추어져있어 더위를 식히기에 좋다. 바로 옆에 KFC가 있어 허기가 져도 문제없다.

즐길 거리가 아주 많기 때문에 방문하기 전에 홈페이지에서 액티비티와 쇼 시간을 미리 알아보는 것이 좋다. 이미 동물원에 들어갔다면 지도를 보고 체크한 후 움직인다. 동물원 안에서는 어디서든 자유롭게 타고 내릴 수 있는 트램을 이용하는 것이 편하다. 둘러보는 데 반나절 정도 걸리는데, 걸어 다닐 수도 있지만 워낙 넓고 습해서 지치기 쉽다.

Info

주소 80 mandai lake road 729826

영업시간 08:30~18:00

관람료 어른 S$33, 아이 S$22

1 싱가포르 동물원에는 아이들을 위한 물놀이시설이 갖추어져있다. 바닥에 푹신한 우레탄이 깔려있어 안전하다. 2 바다사자 쇼는 엄청난 물을 뿌리기 때문에 물을 맞고 싶지 않다면 뒤편에 앉아야 한다.

밤에만 들어갈 수 있는 동물원

나이트 사파리 Night Safari

1994년에 개장한 세계 최초의 야간 동물원, 나이트 사파리는 개장 시간인 저녁 7시 15분을 피해 들어가는 것이 좋다. 평일 주말 할 것 없이 단체관광객들이 많아 개장 시간에는 단체 관광객들이 몰리는 경우가 많다. 사파리를 둘러보려면 트램을 타야 하는데 너무 많은 사람이 몰리면 30분 이상 기다려야 할 수도 있다.

트램을 타고 사파리를 도는 20분 동안 1천여 마리의 동물들이 밤에 생활하는 모습을 눈앞에서 볼 수 있다. 중간에 트램에서 내려 걷는 코스가 있는데 꼭 경험하기를 추천한다. 거대한 우리 안에 사는 과일박쥐와 우리나라에서는 보기 힘든 동물들을 훨씬 가까이에서 관찰할 수 있다. 입구에서 열리는 불쇼(Thumbuakar)도 놓치지 말아야 한다. 무료 공연답지 않게 공연자들의 군무와 입에서 불을 뿜어내는 아슬아슬한 기술이 압권이다.

낮에 다른 동물원을 관람하는 등 체력 소모가 많았다면 컨디션 조절에 특히 신경 써야 한다. 트램에 앉아 어둠 속에서 둘러봐야 하는데 몸이 피곤하면 잠들기 딱 좋다. 다 관람하는 데 세 시간 정도 걸린다.

Info
주소 80 mandai lake road 729826
영업시간 19:15~24:00(기념품 가게는 17:00, 음식점은 17:30에 문을 연다.) / 불쇼 공연 18:45, 20:00, 21:00(금 · 토 · 공휴일 전날에는 22:00 공연이 한 차례 더 있다.)
관람료 어른 S$45, 아이 S$30

1 나이트 사파리 입구는 개장하기 전에도 미리 와서 기다리는 여행자들로 혼잡하다. **2** 입구를 지나 트램을 타기 전에 불쇼 공연장이 있다.

강에 사는 진귀한 야생 동물을 만나다

리버 사파리 River Safari

네 개의 동물원 중 가장 늦은 2012년에 개장했다. 아시아 최초로 세계의 강을 주제로 한 동물원으로, 6천여 마리의 동물들을 만날 수 있다. 다른 동물원보다 규모가 작은 편이라 두 시간 정도면 관람을 마칠 수 있다. 동물원에 가고 싶지만 시간이 충분하지 않은 여행자나 영유아를 동반한 가족에게 좋다.

몸길이 2.5~4.6m에 달하는 거대 수중동물 매너티와 재규어, 판다, 원숭이 등의 육지동물 그리고 멸종 위기의 동물들까지 관람할 수 있어 짧지만 내용이 풍부하다. 아마존 강을 재현한 수로를 따라가며 동물들을 만나는 보트 라이드(Boat Ride)는 키 106cm 이상이면 탈 수 있는데, 크게 인상적이지는 않아도 타지 않으면 아쉽다.

Info
주소 80 mandai lake road 729826
영업시간 10:00~19:00
관람료 어른 S$30, 아이 S$20

1·3 여러 개의 대형 수족관에서 다양한 수중동물을 볼 수 있다. **2** 수로를 따라 동물들을 관람하는 보트 라이드.

아시아 최대 규모, 400여 종의 새들

주롱 새 공원 Jurong Bird Park

1971년에 개장한 주롱 새 공원은 네 개의 동물원 중 역사가 가장 길다. 400여 종 5천여 마리의 새를 볼 수 있는 아시아 최대의 새 공원으로, 먹이 주기, 교감하기 등의 액티비티와 두 개의 쇼도 준비되어있다. 쇼 중간에 관객석을 빠르게 저공비행하던 새가 머리 위를 휙 지나갈 때의 느낌은 정말 짜릿하다. 사육사 어깨 위에 앉아있다 힘차게 날아오르던 독수리의 용맹한 모습도 인상 깊다. 아이들을 위한 물놀이시설, 버즈 오브 플레이(Birdz of Play)가 있어 잠시 더위를 식힐 수도 있다.

이곳 역시 넓고 습해서 트램을 타고 둘러보는 것이 편하다. 공원 안에 있는 30m 높이의 폭포는 장관이라 기념사진 배경으로 그만이다. 다른 세 개의 동물원들과 뚝 떨어져 있는 것이 단점이라고 할 수 있지만, 여기만 보는 데 반나절 정도 걸리므로 붙어있다고 해도 하루에 다 볼 수 없다. 어떤 동물원에 갈 것인지 위치보다는 취향에 맞게 선택하는 것이 좋다.

Info

주소 2 jurong hill 628925

영업시간 08:30~18:00

관람료 어른 S$29, 아이 S$19

1 입구를 지나면 새와 함께 사진을 찍을 수 있는 곳이 있다. 2 주롱 새 공원에서는 직접 새에게 먹이를 주는 경험을 할 수 있다.

인생사진 남기는 팁스타그램

물에 잠긴 하늘은 수평을 맞춰서

잔잔한 맥리치 저수지는 반영 사진을 찍기 좋은 장소다. 푸른 하늘과 적당한 뭉게구름이 있다면 보정 없이 스마트폰으로도 멋진 사진을 찍을 수 있다.

하늘과 저수지의 비율은 2:1 정도가 적당하다. 하늘을 더 많이 담으면 맑은 하늘이 강조된 멋진 사진을 얻을 수 있다. 이때 수평선이 기울지 않도록 주의한다. 수평을 잘 맞춰야 진짜 하늘과 저수지에 비친 하늘이 정확하게 대칭을 이뤄 균형 있게 나온다.

높이감을 살리려면 수직으로

맥리치의 꽃 트리톱 워크에서 보는 맥리치의 풍경은 정말 멋지다. 그런데 그 풍경을 사진으로 보면 눈으로 보는 것만 못하다.

카메라를 아래로 향해 찍는 게 요령이다. 다리 밑에서 자란 나무 한 그루에 초점을 맞춰 찍으면 뻗어 올라온 나무의 키가 강조되면서 다리 높이가 더 실감난다. 여행 후 트리톱 워크에서의 감흥이 아련해질 때쯤 이 사진을 보면, 당시의 아찔한 느낌이 그대로 되살아날 것이다.

더운 나라에서 살아간다는 것

갑작스럽게 싱가포르로 가게 되어 한국 생활을 정리하는 데 어려움이 많았다. 하지만 좋았던 점도 있었는데, 싱가포르가 1년 내내 덥다는 것이다. 유독 추위를 많이 타는 체질이라 늘 따뜻한 남쪽 나라에서 지낼 수 있다는 게 참 매력적이었다. 게다가 싱가포르는 누진세 제도가 없어 전기를 쓴 만큼만 내면 된다. 집 안 곳곳에 에어컨이 설치되어 있고, 전기세 걱정 없이 에어컨을 펑펑 켤 수 있어 더위로 크게 고생할 일은 없겠다 싶었나. 두꺼운 옷이 필요 없으니 옷장에 가벼운 옷들만 정리하면 되고, 살림도 한결 간편할 것이었다. 모든 것이 그렇게 순조로울 줄 알았다.

그러나 이사하고 곧 문제가 생겼다. 열어둔 창문, 현관의 문틈, 에어컨 배관 등을 타고 바퀴벌레와 도마뱀이 종종 출몰해 혼을 쏙 빼놓았다. 날개 달린 대형 바퀴벌레는 보는 순간 머릿속이 하얘졌다. 도마뱀은 워낙 날쌔고 작아 쉽게 잡히지도 않는 데다, 밤에는 어찌나 찌렁찌렁 울어대는지 잠을 잘 수 없을 지경이었다.

매일 똑같은 날씨는 불과 1~2년 전에 일어난 일도 잘 기억나지 않게 만들었다. 사계절이 뚜렷한 한국에서는 “우리 작년 겨울 진짜 추운 날 스키장에 갔었지” 혹은 “작년 봄 제주도 갔을 때 날씨가 참 좋았었는데”처럼 날씨로 인해 기억이 되살아나곤 한다. 하지만 싱가포르에 살다 보니 많은 일이 쉽게 잊혔다. 이런 생활이 오래되면 사는 모습이 밋밋해지고 삶의 의미를 찾기도 어려워지지 않을까 하는 생각이 들었다. 싱가포르에서 산 지 만 3년이 넘어가자 겨울이 정말 그리워졌다. 코끝을 저미며 정신이 번쩍 나게 추운 칼바람도 그립고, 눈 쌓인 강원도도 그리웠다.

4년간의 싱가포르 생활, 특히 더운 날씨에 변하는 내 마음을 대하면서 모든 일에는 일장일단이 있다는 평범한 진리를 다시 한 번 깨달았다. 좋은 일이 생겨도 들뜨기보다 담담히 받아들이고, 나쁜 일을 겪어도 크게 낙담할 필요 없다는 인생의 지혜도 함께.

자연과 함께하는 완벽한 휴식

인도네시아 텔루너스 리조트 Telunas Resort

텔루너스는 인도네시아의 개인 섬에 있는 리조트로 싱가포르에서 약 50km 떨어져있다. 비보시티 옆 하버트런트 역에서 인도네시아 세쿠팡(Sekupang) 역까지 대형 페리를 타고 50분 정도 가서, 텔루너스에서 운행하는 작은 보트로 갈아타고 1시간~1시간 30분 더 가면 된다. 보트에서 내려 마주치는 텔루너스 입구는 단출하다. 리조트는 바다 위에 지은 목조 가옥으로 소박하면서도 운치가 있다. 들어서는 순간 화려한 리조트에서는 느낄 수 없는 편안하고 한가로운 시간들이 기대되는 곳이다.

텔루너스에서는 모든 일정이 자연의 흐름과 함께한다. 리조트 안에서는 와이파이도 되지 않고, 그 흔한 음악도 없다. 해가 뜨면 깨끗한 바닷가에서 게들을 관찰하고 공놀이를 한다. 실컷 물놀이를 하고 나서 리조트 로비에서 어슬렁거리면 친절한 직원들이 다가와 코코넛 나뭇잎으로 매듭 만드는 법을 가르쳐준다. 부대시설로 도자기 체험장이 있어 직접 흙으로 도자기를 만들어볼 수도 있다.

석양이 지는 모습은 비할 데 없이 아름다워 자연스럽게 눈이 간다. 저녁을 먹고 나서 리조트 투숙객들이 함께 모여 모닥불에 구워 먹는 마시멜로 맛은 말로 표현하기 어렵다. 리조트에서의 시간이 살짝 지루하다면 인근 마을 투어를 가도 좋다. 현지인들의 삶을 들여다볼 수 있어 좋은 경험이 된다.

싱가포르에서의 바쁜 일정을 뒤로 한 채 특별한 곳에서 완벽한 휴식을 취하고 싶다면 텔루너스 리조트는 최고의 선택이 될 것이다.

Tip

- 2박 이상만 가능.
- 지붕에 틈이 있는 전통 가옥 형식으로 지어져 객실에 벌레가 들어올 수 있는데, 머무는 동안 객실에서 벌레를 보지는 못했다. 다만 모기가 있어 모기 퇴치 스프레이가 필요하다. 에어컨 시설이 없지만 덥지는 않다.
- 식사는 뷔페식으로 나오는데 가짓수는 많지 않으나 입맛에 잘 맞는다. 리조트 밖에서 음식을 먹거나 살 수 없으니, 라면이나 간단한 먹을거리를 준비해 가도 좋다.
- 와이파이 서비스는 제공하지 않지만, 카운터에서 유심 칩을 판매하므로 급한 일이 있을 경우에는 인터넷을 사용할 수 있다.
- 하버트런트 역과 세쿠팡 역을 오가는 배는 바탐 패스트(Batam Fast)에서 예약할 수 있다.

Info

주소 Pulau Sugi, Mentangun, Moro, Kabupaten Karimun, Kepulauan Riau 29462, Indonesia

가격 비치 리조트(Beach Resort) 어른 2인 객실 1박 9만 원 정도
프라이빗 아일랜드(Private Island) 어른 2인 객실 1박 25만 원 정도
식사비 2인 8~9만 원 정도
교통비 2인 왕복 21만 원 정도

웹사이트 텔루너스 리조트 www.telunasresorts.com
바탐 패스트 www.batamfast.com

다양한 즐길 거리에 알찬 기항지 여행까지

크루즈 여행 Cruise Tour

싱가포르는 세계 3대 원유 거래시장이자 물류 허브답게 크루즈 터미널도 최고의 시설을 자랑한다. 축구장 세 개 넓이의 기대한 터미널은 세계에서 가장 큰 배도 수용할 수 있는 능력을 갖췄다. 터미널이 마리나 베이에 자리하고 주변 기항지가 다양한 것도 크루즈 여행에 유리한 점이다.

코스에 따라 여러 배가 있는데, 쉽게 할 수 없는 여행인 만큼 큰 배를 탔다. 직원을 포함해 총 4천여 명이 탈 수 있는 로열 캐리비안(Royal Caribbean)사의 마리너호(Mariner of the Seas)로, 유네스코 세계 문화유산 도시인 말레이시아 페낭과 킬림 생태공원, 독수리로 유명한 랑카위를 거치는 코스다.

크루즈 여행은 다른 여행과 다르게 시설과 즐길 거리를 취향대로 고를 수 있고 식사 걱정도 할 필요 없어, 긴장을 풀고 편안하게 지낼 수 있는 것이 특징이다. 마리너호는 길이가 311m에 달해 내부를 구경하는 데도 꽤 오랜 시간이 걸린다. 저녁에는 대극장에서 화려한 쇼가 펼쳐지고, 수영, 클라이밍, 스케이트 같은 운동도 즐길 수 있다. 매일 아침 객실로 배달되는 소식지에는 아침부터 저녁까지 열리는 다양한 이벤트가 빼곡하게 적혀있다. 무엇을 할지 결정하는 일이 쉽지 않을 정도다. 마지막 날 밤에는 직원들과 함께 칵테일파티를 즐기는 특별한 시간도 갖는다. 때로는 신나게, 때로는 여유롭게 즐기는 크루즈에서의 시간 못지않게 기항지에서 갖는 반나절 동안의 밀도 있는 여행도 알차다.

크루즈 여행은 노약자도 안전하게 즐길 수 있는 환경이 갖추어져있어 연로하신 부모님이나 어린아이와 함께하는 이들도 눈에 많이 띈다. 여행지까지 가는 길 자체가 또 하나의 여행이 되는 크루즈 여행은 잊지 못할 경험이 될 것이다.

Info

주소 61 Marina Coastal Drive 018947
탑승료 170~220만 원 정도(크루즈 종류, 날짜, 기항지에 따라 다르다.)
웹사이트 마리나 베이 크루즈 센터 mbccs.com.sg
시티 스테이트 크루즈 www.citystatecruises.com
노랑풍선 여행사 www.ybtour.co.kr

Travel Guide 1

싱가포르 항공권 200% 활용하기

항공사 혜택을 활용한다

인천에서 싱가포르로 가는 직항 노선은 대한항공, 아시아나항공, 싱가포르항공이 대표적이다. 싱가포르항공은 일반적으로 가장 비싸서 항공권을 검색할 때 제외시키는 경우가 많은데, 여러 혜택이 있는 싱가포르 익스플로러 패스를 잘 활용하면 유리하게 여행할 수 있어 따져볼 만하다(P.17 참고). 싱가포르항공 기내에서 제공하는 칵테일, 싱가포르 슬링을 맛보는 즐거움도 한번 경험해볼 만하다.

경유항공권, 더 좋은 대안이 될 수 있다

저렴한 항공권은 익스피디아, 스카이스캐너, 땡처리닷컴 등 최저가 항공권 검색 사이트에서 찾을 수 있다. 항공권을 선택할 때 주의할 점은 단순히 가격만 따질 것이 아니라 여러 변수를 고려해야 한다는 것이다. 캐세이퍼시픽항공, 중국동방항공, 중국남방항공, 베트남항공, 스쿠트항공, 에어아시아 등이 주로 경유노선을 통해 저렴한 항공권을 판매한다.

경유지에서 체류하는 시간이 길수록 그리고 출도착 시간이 다수가 선호하지 않는 시간일수록 가격은 저렴하다. 하지만 시간적으로 여유가 있는 여행자의 경우 경유지에서 스톱오버 여행을 할 수 있어 단점이 오히려 장점이 될 수 있다. 또한 다수가 선호하는 밤비행을 피해 낮비행을 하면 도착 후 피로감도 덜 수 있고 대중교통 이용도 수월해 좋다. 개인의 상황에 따라 선호하는 항공권 종류가 다르므로 꼼꼼히 살펴보고 나에게 가장 맞는 항공권을 선택하자.

두세 달 전에 예매한다

항공권은 적어도 두세 달 전에 사야 싸게 살 수 있다. 싱가포르행 항공권은 많지만, 수요도 많기 때문에 미리미리 예약해두는 편이 좋다. 가족여행을 가는 사람도 많아 방학 기간에는 항공료가 많이 올라간다.

Travel Guide 2

누구에게나 환영받는 기념품

TWG 차

누구에게나 환영받는 선물이다. 티백을 사는 것이 보통이지만, 찻잎만 살 수도 있다. 찻잎은 100g 한 봉지에 S$10도 되지 않아 많은 사람에게 선물을 줘야 할 때 좋다.

가격 실버 문(Silver Moon) 찻잎 100g S$9 정도(TWG 전용 원통에 담긴 것은 S$37 정도)

찰스 앤 키스 제품 Charles and Keith

디자인, 품질, 가격 등 모든 면에서 만족스럽다. 가죽이 부드러우면서도 내구성이 좋고, 하이힐도 발이 편하다. 미니 핸드백, 지갑, 열쇠고리 등이 부담 없이 선물하기 좋다.

가격 작은 열쇠고리 S$13 정도

스미글 제품 Smiggle

화려한 색의 문구 등 톡톡 튀는 제품들이 많다. 연필이나 지우개 하나도 디자인이 독특해 아이의 친구들, 회사 동료들에게 단체로 선물할 때 좋다. 오차드의 아이온과 313 서머셋에 매장이 있다.

가격 연필 S$2~3 정도

수채화 책

감성 충만한 선물을 하고 싶다면 싱가포르의 풍경을 연필과 수채화 물감으로 그린 엽서 책과 그림책이 좋다. 오차드 기노쿠니야 서점의 파인 아트 섹션에 있다.(P.96 참고)

가격 싱가포르 노트북(Singapore Notebook) S$18 정도

히말라야 크림

싱가포르 어디를 가나 쉽게 구할 수 있는 국민 크림이다. 명성만큼 실제로도 품질이 좋아 크림이나 립밤 등을 선물하면 누구나 반긴다.

가격 50mL 6개 S$23 정도(매장에 따라 가격이 다를 수 있다.)

치킨 커리 소스

닭과 감자, 양파만 썰어 넣고 푹 끓이면 싱가포르에서 먹던 맛 그대로다. 동남아 음식을 좋아하거나 싱가포르에 다녀온 사람에게 추억을 소환해주는 최고의 선물이 된다.

가격 S$4 정도

*스미글 제품과 수채화 엽서 책 외에는 공항 내 마트나 면세점에서 살 수 있다.

Travel Guide 3

가성비 좋은 숙소

오아시아 호텔 노베나 Oasia Hotel Novena

조용한 고급 아파트 단지가 많고 시내와도 가까워 한국인들이 거주지로 선호하는 지역이다. 노베나 전철역과 바로 연결되어있고 호텔 바로 앞에 벨로시티(Velocity) 쇼핑몰도 있어 편리하다.

주소 8 sinaran Drive 307470
숙박료 약 17만 원대

엠 소셜 M Social

예쁘고 감각적인 인테리어에 눈이 즐거운 곳이다. 4성급 부티크 호텔이지만 가격도 비싸지 않다. 호텔 앞이 강변인 로버슨 키여서 산책하거나 브런치를 즐기기도 좋다.

주소 90 robertson quay 238259
숙박료 약 17만 원대

파크 호텔 클라크 키 Park Hotel Clarke Quay

가장 번화한 클라크 키와 걸어서 10여 분 거리에 있다. 캐주얼 와인 바나 이자카야 등이 강을 따라 늘어서 있으며, 근처의 주요 전철역을 오가는 셔틀버스가 있어 편리하다.

주소 1 unity street 237983
숙박료 약 22만 원대

더 포드 The Pod

최신의 부티크 캡슐 호텔답게 깔끔한 시설과 격식 있는 응대가 인상적이다. 세탁과 건조, 드라이클리닝, 시내통화 등을 무료로 제공한다. 반경 500m 안에 리틀 인디아, 마리나 베이 샌즈, 가든스 바이 더 베이 등이 있어 도심 여행에 유리하다.

주소 289 beach road level3 199552
숙박료 약 7만 원대

페어몬트 호텔 Fairmont Hotel

올드 시티 중심부에 있고 래플스 시티(Raffles City) 쇼핑센터와 도 연결되어있어 편리하다. 객실이 넓고, 객실 창으로 차임스나 내셔널 갤러리를 볼 수도 있다. 아시아에서 가장 큰 스파 중 하나인 윌로우 스트림 스파(Willow Stream Spa)를 즐길 수 있다.

주소 80 bras basah road 189560
숙박료 약 35만 원대

하드록 호텔 Hardrock Hotel

록 음악을 모티브로 지은 세계적인 호텔 체인이다. 싱가포르의 하드록 호텔은 독특한 분위기뿐 아니라 인공 모래해변을 갖추고 있어 싱가포르 내에서는 가족여행자들이 많이 찾는다. 리조트 월드 센토사 안에 있다는 것도 큰 장점이다.

주소 8 sentosa gateway sentosa island 098269
숙박료 약 32만 원대

상그릴라 라사 센토사 리조트 앤드 스파 Shangri-La`s Rasa Sentosa Resort and Spa

센토사 한쪽 끝에 자리하고 있어 너무 외지다고 생각할 수 있지만, 넓은 리조트 안에 마련된 다양한 놀이시설, 여러 대의 슬라이드, 키즈 클럽 등을 둘러보고 나면 금세 마음을 뺏길 것이다. 가족 단위 여행객에게는 최고의 하루를 보낼 수 있는 리조트다.

주소 101 siloso road sentosa 098970
숙박료 약 34만 원대

이비스 스타일 Ibis Style

합리적인 가격과 서비스로 오랫동안 신뢰를 쌓고 있는 이비스 호텔이 트렌드를 추구하는 이비스 스타일을 열었다. 전철역에서 다시 버스를 타고 가야 해 대중교통이 불편함에도 불구하고 디자인과 시설, 알찬 서비스로 손님을 끌어 모으는 곳이다.

주소 401 macpherson 368125
숙박료 약 13만 원대

* 숙박료는 2인 객실 1박 요금으로 시기에 따라 다를 수 있다.

Travel Guide 4

공휴일 · 페스티벌 · 이벤트 캘린더

다민족 국가인 싱가포르는 종교가 다양해 종교와 관련된 공휴일도 잡음이 생기지 않도록 공평하게 배분했다. 연간 다양한 이벤트와 페스티벌이 곳곳에서 열리므로 여행 계획을 짤 때 참고하자.

1월

1일 **신정** New Year's Day

17~28일 **싱가포르 아트 위크** Singapore Art Week 주요 박물관과 도심에서 다양한 예술 행사와 공연이 펼쳐진다.

28일~2월 24일 **아이 라이트 마리나 베이** I light Marina Bay 매년 1월이 되면 마리나 베이 일대는 화려한 빛의 물결에 휩싸인다. 각종 설치예술 작품에 빛의 예술이 더해져 환상적인 분위기를 자아낸다.

2월

1일 **칭게이 퍼레이드** Chingay Parade 싱가포르 최대 규모의 퍼레이드로, 의상과 가장무도회 예술이라는 뜻의 이름처럼 화려한 볼거리가 압권이다. 매년 음력 설 즈음에 열린다.

16일 **음력 설** New Year Holiday 중국계 공휴일이다. 음력으로 따지기 때문에 1~2월 안에서 매년 달라진다.

3월

30일 굿 프라이데이 Good Friday 기독교 공휴일로 성 금요일이라고도 한다. 부활절 이틀 전 금요일로 예수가 십자가에 못 박힌 날을 기억하기 위한 날이다.

4월

27일~ 5월 5일 싱가포르 가든 페스티벌 호트쇼 Singapore Garden Festival 주롱 레이크 가든에서 열리는 꽃과 정원 관련 전시회다. 최고 디자이너의 정원, 세계 각국의 꽃과 난을 볼 수 있다.

5월

1일 근로자의 날

29일 베삭 데이 Vesak Day 불교 공휴일이다. 우리나라의 석가탄신일에 해당한다.

6월

15일 하리 라야 푸아사 Hari Raya Puasa 이슬람교 공휴일이다. 이슬람 라마단 기간이 끝나는 날을 기념하는 날이다.

6월 말 더 그레이트 싱가포르 세일 The Great Singapore Sale 싱가포르 전역에서 열리는 대규모 할인 행사다. 싱가포르는 물가가 워낙 비싸기 때문에 많은 사람들이 이날을 기다린다.

8월

9일 독립기념일 싱가포르는 1965년 8월 9일 말레이시아로부터 독립했다. 이를 축하하는 날이다. 마리나 베이 일대에서 펼쳐지는 퍼레이드와 불꽃놀이 등 곳곳에서 행사가 열려 온통 축제 분위기다.

22일 하리 라야 하지 Hari Raya Haji 이슬람교 공휴일이다. 이슬람 최대의 명절로 가장 맛있는 음식을 준비해 이웃과 함께 먹는다.

29~31일 나이트 페스티벌 Night Festival 올드 시티 인근에 밀집된 박물관들이 연합해

다양한 공연, 예술, 미디어 아트 쇼 등을 연다. 무료로 즐길 수 있는 프로그램이 많아 부담 없이 싱가포르의 밤을 즐기기 좋다.

9월

10일,18일 싱가포르 재즈 페스티벌 Singapore Jazz Festival 세계 최정상급 재즈 아티스트의 공연 볼 수 있는 자리다. 에스페란자 스팔딩, 브라이언 맥나이트, 인코그니토 등 세계적인 아티스트들이 이 무대를 거쳐간 바 있다.

20~22일 포뮬러 1 Formula 1 엄청난 사회적 비용을 지불하고 진행하는 F1 경기는 세계 최초의 야간 경주로 대기록을 세웠다. 도심 곳곳을 환하게 비추며 질주하는 경기 모습은 싱가포르 최고의 볼거리다.

11월

6일 디파밸리 Deepavali 힌두교 공휴일이다. 리틀 인디아에서 빛의 행렬을 뜻하는, 힌두교도 최대의 축제가 열린다. 화려한 아치와 조명이 인상적이다.

11월 말 오차드 점등 축제 휘황찬란한 불빛으로 오차드 거리가 온통 화려함의 극치를 이룬다. 쇼핑몰마다 색다르게 꾸며놓은 크리스마스 장식도 볼거리다.

12월

7~15일 싱가포르 가든 페스티벌 오키드쇼 Singapore Garden Festival 보타닉 가든에서 열리는 꽃과 정원 관련 전시회다. 최고 디자이너의 정원, 세계 각국의 꽃과 난을 볼 수 있다.

25일 크리스마스 기독교 공휴일이다.

* 이 캘린더는 2019년 기준이다. 매년 정확한 날짜는 www.publicholidays.sg에서 알 수 있다.

	공휴일	이벤트
1월	신정	싱가포르 아트 위크 아리 라이트 마리나 베이
2월	음력 설	칭게이 퍼레이드
3월	굿 프라이데이	
4월		싱가포르 가든 페스티벌 호트쇼
5월	근로자의 날 베삭 데이	
6월	하리 라야 푸아사	더 그레이트 싱가포르 세일
7월		
8월	독립기념일 하리 라야 하지	나이트 페스티벌
9월		싱가포르 재즈 페스티벌 포뮬러1
10월		
11월	디파밸리	오차드 점등 축제
12월	크리스마스	싱가포르 가든 페스티벌 오키드쇼

• 건강

아침 5분, 저녁 10분
스트레칭이면 충분하다
몸은 튼튼하게 몸매는 탄력있게 가꿀 수 있는 스트레칭 동작을 담은 책. 아침 5분, 저녁 10분이라도 꾸준히 스트레칭하면 하루하루가 몰라보게 달라질 것이다. 아침저녁 동작은 5분을 기본으로 구성, 좀 더 체계적인 스트레칭 동작을 위해 10분, 20분 과정도 소개했다.

박서희 지음 | 88쪽 | 215×290mm | 8,000원

하루 15분
필라테스 홈트
필라테스는 자세 교정과 다이어트 효과가 매우 큰 신체 단련 운동이다. 이 책은 전문 스튜디오에 나가지 않고도 집에서 얼마든지 필라테스를 쉽게 배울 수 있는 방법을 알려준다. 난이도에 따라 15분, 30분, 50분 프로그램으로 구성해 누구나 부담 없이 시작할 수 있다.

박서희 지음 | 128쪽 | 215×290mm | 11,200원

통증 다스리고 체형 바로잡는
간단 속근육 운동
통증의 원인은 속근육에 있다. 한의사이자 헬스 트레이너가 통증을 근본부터 해결하는 속근육 운동법을 알려준다. 마사지로 풀고, 스트레칭으로 늘이고, 운동으로 힘을 키우는 3단계 운동법으로, 통증 완화는 물론 나이 들어서도 아프지 않고 지낼 수 있는 건강관리법이다.

이용현 지음 | 156쪽 | 182×235mm | 12,000원

국내 최고 의료진과 전문 영양사의 처방
비만클리닉, 똑똑한 레시피로 답하다
분당서울대학교병원 의료진과 영양사가 알려주는 비만의 모든 것. 비만의 원인과 비만으로 생기는 질병, 소아 비만과 노인 비만, 올바른 식이요법과 운동법, 약물치료와 수술 등을 상세히 알려준다. 각 음식과 한 끼, 하루 식단에 칼로리와 나트륨, 영양 구성도 표시했다.

분당서울대학교병원 · 한화호텔앤드리조트 지음 | 320쪽 | 188×245mm | 18,000원

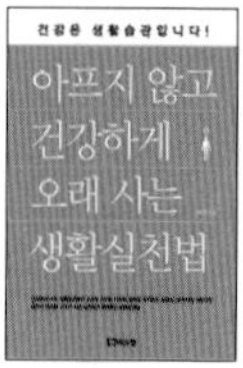

건강은 생활습관입니다!
아프지 않고 건강하게 사는 생활실천법
국내 식품영양학의 최고 권위자이자 장수박사로 유명한 유태종 교수가 그동안의 경험과 연구결과를 모아 건강장수비법을 정리했다. 생활습관, 식사법, 운동법, 마음건강법 등 4개의 장으로 나누어 건강과 장수의 이론과 실제 사례, 구체적인 생활실천법을 소개한다.

유태종 지음 | 256쪽 | 152×223mm | 13,000원

• 취미 | DIY

우리 주변의 아름다운 모습 40가지
즐거운 수채화 그리기
초보자부터 숙련자까지 취미로 수채화를 배우는 사람들에게 좋은 교재. 40가지 테마의 수채화 그리기가 자세히 소개되어 있다. 각 테마마다 그리기 순서에 따른 상세한 설명이 소개되어 실력에 맞는 그림을 선택해 그릴 수 있다.

에마 블록 지음 | 216쪽 | 188×200cm | 15,000원

쉬운 재단, 멋진 스타일
내추럴 스타일 원피스
베이직한 디자인으로 언제 어디서나 자연스럽게! 직접 만들어 예쁘게 입는 나만의 원피스. 여자들의 필수 아이템인 27가지 스타일 원피스를 담았다. 실물 크기 패턴도 함께 수록되어 있어 재봉틀을 처음 배우는 초보자라도 뚝딱 만들 수 있다.

부티크 지음 | 112쪽 | 210×256mm | 10,000원

자수 한 땀, 사랑 한 땀, 행복 한 땀
프랑스 자수
바쁜 일상에 삶의 여유를 찾고 싶다면 아름답고 사랑스러운 프랑스 자수를 시작해보자. 이 책에서는 초보자도 쉽게 시작할 수 있도록 기본 스티치부터 단순하고 예쁜 도안 40가지를 소개한다. 사계절 풍경과 꽃, 동물 등 사랑스러운 작품을 만들어보자.

줄리엣 미숄레 지음 | 120쪽 | 188×200mm | 12,000원

트러블 · 잡티 · 잔주름 없는 명품 피부의 비결
홈메이드 천연화장품 만들기
피부를 건강하고 아름답게 만들어주는 홈메이드 천연화장품 레시피 북. 고급스럽고 내추럴한 천연화장품 35가지가 담겨 있다. 단계별 사진과 함께 자세히 설명되어 있어 누구나 쉽게 만들 수 있고, 사용법도 친절하게 알려준다.

카렌 길버트 지음 | 152쪽 | 190×245mm | 13,000원

작은 공간을 두 배로 늘려주는
정리와 수납 아이디어 343
'숨은 공간'을 활용해서 정리와 수납을 완성하도록 도와주는 책. 수납 전문가들의 노하우가 한가득 담겨 있다. 물건을 줄이지 않아도 쾌적한 집을 만들어주는 깔끔한 정리의 기술이 다양한 사례가 사진과 함께 자세히 나와 있다.

오렌지페이지 지음 | 128쪽 | 210×275mm | 10,000원